云计算解决方案架构设计

[美]
凯文·L. 杰克逊(Kevin L. Jackson)
斯科特·戈斯林(Scott Goessling)
著

陆欣彤 译

清华大学出版社

北 京

北京市版权局著作权合同登记号 图字：01-2019-1824

本书封面贴有清华大学出版社防伪标签，无标签者不得销售。

版权所有，侵权必究。侵权举报电话：010-62782989 13701121933

图书在版编目(CIP)数据

云计算解决方案架构设计 / (美)凯文·L.杰克逊(Kevin L. Jackson)，(美)斯科特·戈斯林 (Scott Goessling) 著；陆欣彤 译. —北京：清华大学出版社，2020.1

书名原文：Architecting Cloud Computing Solutions

ISBN 978-7-302-54269-8

Ⅰ.①云… Ⅱ.①凯… ②斯… ③陆… Ⅲ.①云计算—架构 Ⅳ.①TP393.027

中国版本图书馆 CIP 数据核字(2019)第 258812 号

责任编辑：王　军
封面设计：孔祥峰
版式设计：思创景点
责任校对：牛艳敏
责任印制：丛怀宇

出版发行：清华大学出版社
　　　　　网　　　址：http://www.tup.com.cn，http://www.wqbook.com
　　　　　地　　　址：北京清华大学学研大厦 A 座　　　　邮　　编：100084
　　　　　社 总 机：010-62770175　　　　　　　　　　　邮　　购：010-62786544
　　　　　投稿与读者服务：010-62776969，c-service@tup.tsinghua.edu.cn
　　　　　质 量 反 馈：010-62772015，zhiliang@tup.tsinghua.edu.cn
印 装 者：北京鑫海金澳胶印有限公司
经　　销：全国新华书店
开　　本：170mm×240mm　　　　　印　　张：16　　　　字　　数：287 千字
版　　次：2020 年 1 月第 1 版　　　　印　　次：2020 年 1 月第 1 次印刷
定　　价：68.00 元

产品编号：083299-01

译 者 序

云计算是近年来十分热门的话题。从概念到大规模实践，云计算在短短几年间迅猛发展。云计算与诸多行业深度融合，带来颠覆性的创新，突显出巨大的应用价值和发展前景。

什么是云计算？美国国家标准与技术协会(NIST)对此给出十分权威和经典的定义："所谓云计算，就是这样一种模式，该模式允许用户通过无所不在的、便捷的、按需获得的网络接入可动态配置的共享计算资源池(其中包括网络设备、服务器、存储、应用以及业务)，并且以最小的管理代价或业务交互复杂度即可实现这些可配置计算资源的快速发放与发布。"云计算不是一项技术，而是一种经济上的创新。从各类云服务的创建、部署以及消费角度描述云计算的实质，也意味着云计算天然需要支持面向服务的能力。

采用云是数字化转型的核心组成部分，可以帮助组织扩展 IT 环境，在具有弹性的同时降低成本。因此，领导想要它，首席财务官(CFO)支持它，战略家推荐它，技术团队需要它，用户需要它。

如今市面上介绍云计算的书籍数量繁多、层出不穷。同许多其他书籍相比，本书不需要读者对云计算具备先验知识，但需要读者对当前的 IT 运维和实践具备基本的了解，尤其适合云解决方案架构师和企业高管阅读。本书作者 Kevin L. Jackson 是全球知名的云计算专家、技术思想领袖，出版了多本云计算教程和书籍；Scott Goessling 是 Burstorm 的首席运营官兼首席技术官，他帮助创建了世界上第一个自动化的云解决方案设计平台。他们具有丰富的理论和实践经验，能帮助你步入云计算的殿堂。本书通过介绍云计算的基础知识及架构概念、云架构考虑因素、云技术服务选择和云计算安全控制，教你如何有效地构建符合组织需求的云计算解决方案。本书提出并讲解许多关键的云解决方案设计的考虑事项和技术决策，帮助你根据战略、经济因素和技术的要求使用正确的云服务模式和部署模型。

在内容安排上，本书具有大量的技术原理分析以保证足够详实深入，但也穿插着一些行业最佳实践以便易于理解。除此之外，本书还给出了很多外部参考资料，让富有探险精神的读者可以向专家级进发。

"纸上得来终觉浅，绝知此事要躬行。"本书的作者深谙此理，因此还安排了详细的设计练习，分别提供了小型、中小型和大型的云计算解决方案的设计示例供读者参阅学习，以进一步掌握云计算解决方案设计的经验教训。

在这里要感谢清华大学出版社的编辑们，在整个翻译过程中，他们给了我许多专业的指导和帮助。本书得以成功出版，他们的经验和把关居功甚伟。

　　本书由陆欣彤翻译，对于这部领域佳作，译者本着"诚惶诚恐"的态度，在翻译过程中力求准确且易于理解，但是由于译者水平有限，同时本书涉及许多课题，因此现有译文中难免存在纰漏之处。希望读者能够不吝指正，我们将感激不尽。

　　希望本书的所有读者，在了解到云计算技术的同时，都能够积极地投身到云计算产业实践中来。只有更多的人认识到云计算的价值，才能挖掘出云计算的更多潜在价值，云计算产业才会有源源不断的动力来蓬勃发展，相信读者中的很多人都将成为云计算产业的中坚力量。

作者简介

Kevin L. Jackson 是全球知名的云计算专家、技术思想领袖、GovCloud Network 公司的首席执行官(CEO)/创始人。Jackson 的商业经历包括担任摩根大通(J. P. Morgan Chase)副总裁和 IBM 全球销售总监。他已将任务应用程序部署到美国智能社区云计算环境(IC ITE),并撰写和出版了多本云计算书籍。他还是注册信息系统安全专家(CISSP)和注册云安全专家(CCSP)。

感谢我的合著者 Scott Goessling,他丰富的知识和洞察力极大地提高了我的专业技术和个人能力。我要向我的孩子 Lauren、Lance 和 Karl 表达我的爱意和真诚的赞美,能陪伴他们走过人生旅途,每天都让我充满自豪。最后,我的妻子 Lisa 给了我生命中最美好的时光,你是我的一切!

Scott Goessling 是 Burstorm 的首席运营官兼首席技术官,他帮助创建了世界上第一个自动化的云解决方案设计平台。他曾在菲律宾、日本、印度、墨西哥、法国、美国生活和工作。Scott 还作为许多技术方面的专家参与了几家成功的初创企业,其中包括一家网络硬件创新公司,该公司最后以 80 多亿美元的价格被收购。

Scott 的观点结合了许多现实世界中的经验。他对营养疗法、家庭装修、改装汽车、烹饪、摄影、雕塑等多个领域有浓厚的兴趣,最重要的是,他还对养育子女备感兴趣。

感谢我的合著者 Kevin Jackson,他的知识、经验和耐心不断提高我的专业技术和个人水平。如果没有我的劳拉 Laura 和年幼的儿子 Grayson 无尽的爱、理解和支持,那么这一切都不会成为可能。感谢你们无条件的爱。

审校者简介

Sivagurunathan 在建立和管理成功的技术公司方面拥有超过 10 年的经验，这些公司在云计算、虚拟化、网络和安全方面非常专业。他在 21 岁时与他人合办了自己的第一家初创企业，并在 3 年内将其发展成一家价值数百万美元的企业。Sivagurunathan 毕业于印度管理学院班加罗尔分校，同时拥有位于皮拉尼的印度理工学院的工程学双学位。他目前专注于桥接公有云和本地部署数据中心的混合云计划。

Travis Truman 在技术行业拥有 20 多年的经验。他之前的工作领域包括软件工程、软件产品架构、SaaS 平台架构，他还是费城地区多家初创企业的工程副总裁。Travis 是开源软件的定期撰稿人，他为 OpenStack、Ansible、GopherCloud、Terraform、Packer、Consul 以及许多其他支持现代云计算的项目贡献代码。

前　　言

采用云是数字化转型的核心组成部分。组织必须使现代技术和当前的经济模型与商业战略保持一致。转型需要一种新方法，该方法要能够平衡成本和技术的选择与公司方向和客户消费模型之间的关系。本书提出并讲解了许多关键的云解决方案设计的考虑事项和技术决策，这些需要根据战略、经济因素和技术的要求使用正确的云服务和部署模型。

本书首先介绍云计算的基础知识及其架构概念，然后介绍了云服务模型(IaaS、PaaS 和 SaaS)、部署模型(公有云、私有云、社区云和混合云)和实施办法(企业、MSP 和 CSP)。每个部分都公开并讨论了组织在云迁移过程中面临的主要考虑因素和挑战。在后面的章节中，本书将深入探讨如何在云环境中利用 DevOps、云原生和无服务器架构，内容包括扩展云环境的行业最佳实践，以及管理基本云技术服务组件(如数据存储、安全控制和灾难恢复)的详细信息。读完本书后，无论你选择哪个云服务供应商，都将非常熟悉采用云服务所需的所有设计考虑因素和运营方面的交易。

本书读者对象

本书通过介绍云计算基础、云架构考虑因素、云技术服务选择和云计算安全控制，教你如何构建有效且符合组织的云计算解决方案。本书是以下人士的理想之选：

- IT 管理员、云架构师或希望通过采用云来领导组织的解决方案架构师。
- 希望开发和执行面向目标的云计算战略的小企业主、经理或顾问。
- 参与 DevOps 或 DevSecOps 流程的软件开发人员。

本书不需要读者对云计算具备先验知识，但需要读者对当前 IT 运维和实践有基本的了解。

本书主要内容

全书共 20 章，分为 5 大部分。

第 I 部分：你听说过的有关云计算的内容

第 1 章，什么是云计算? 该章对云计算进行了基本定义和解释。

第2章，治理和变更管理。该章解释了组织治理和变更管理对云计算的迁移带来的影响。

第II部分：云架构师如何看待云计算

第3章，设计的考虑因素。该章提供了如何通过设计、经济模型、风险概况、战略和技术来决策思考的方向。

第4章，业务驱动因素、衡量指标和用例。该章提供了在探究云解决方案的经济影响时需要考虑的关键因素。

第5章，构建行政决策。该章解释了组织管理人员如何对转变思维的方式、流程和方法进行引导，以促进组织发展、激励团队并加强对云计算战略、经济因素和风险的控制。

第6章，迁移的架构。该章讨论了在云迁移过程中如何解释当前环境和保持态势感知。

第7章，基础的云架构。该章解释了如何将基础的云架构作为基础构建块，使之成为构建设计方法的基础。

第8章，解决方案的参考架构。该章讨论了如何混合不同的部署和服务模型以实现组织目标。

第III部分：技术服务——这与技术无关

第9章，云环境的关键原则和虚拟化。该章解释了用于修改现有架构、应用程序布局和解决方案依赖关系的基本元素，以降低现代化部署的风险。

第10章，云客户端和关键的云服务。该章讨论了重要的云服务和服务访问方法。

第11章，运维要求。该章解释了用于创造商机和替代方案的云运维杠杆，讨论了与云计算应用程序、生态系统和应用程序相关的互操作性和可移植性标准。

第12章，CSP的性能。该章讨论了如何衡量、评估和比较服务供应商。

第13章，云应用程序开发。该章讨论了在开发基于云的应用程序时要解决的关键概念。

第IV部分：云安全——完全与数据有关

第14章，数据的安全性。该章从以数据为中心的角度解释了安全规划。

第15章，应用程序的安全性。该章讨论了在开发与云相关的应用程序时需要面临的挑战。

第16章，风险管理和业务连续性。该章解释了在对未来的状态进行选择时如何同时管理风险和缓解风险。

第Ⅴ部分："顶点课程"(实践)——端到端设计练习

第 17 章，动手实验 1——单服务器的基本云设计。该章提供了一个小型云解决方案设计示例。

第 18 章，动手实验 2——高级云设计的洞察。该章提供了一个中小型解决方案设计示例。

第 19 章，动手实验 3——(12 个月后)优化当前状态。该章提供了一个大型解决方案设计示例。

第 20 章，云架构的经验教训。该章讨论了重要的解决方案设计的经验教训。

如何充分利用本书

本书旨在指导组织进行数字化转型和云迁移。要充分利用本书，主要目标应该是设计和构建支持特定业务或任务用例的架构，次要目标应该是使用和聚合云架构来部署并安全地使用业务和/或任务软件应用程序。

本书约定

粗体：表示新的术语、重要单词。

 表示警告或重要说明。

 表示提示和技巧。

如何联系我们

尽管我们已经尽了各种努力来保证文章或代码中不出现错误，但错误总是难免的。如果在本书中找到错误，请告诉我们，我们将非常感激。通过勘误，可以让其他读者避免受挫，当然，这还有助于提供更高质量的信息。

请给 wkservice@vip.163.com 发电子邮件，我们就会检查你提供的信息，如果是正确的，我们将在本书的后续版本中采用。

目　　录

第 *1* 章

什么是云计算

我们听说云让事情变简单了，但它起初却使事情变得更复杂。云可以为我们节省金钱，然而异常高昂的账单却令许多 IT 行业的领导和高管感到惊讶。云灵活而敏捷，但是许多云的架构不够理想，它们被限定在单一的供应商那里，变更时需要大量的迁移成本。我们还听说云不如数据中心安全，尽管事实一再证明这个观念是错误的。

云计算在很多方面反映了人性——每个人都相信自己的想法是最好的。人们有时会盲目追随自己的信念，而不顾数据。没有哪个云供应商、云服务或云架构是完美的，它们都有我们希望的不同的东西。它们都有自己要遵守的规矩，都希望自己成为唯一通往真理和乐土的路。

云不是万能的，它是工具箱中的一个工具。如果使用得当，云将成为一个令人难以置信的帮手。如果使用不当，则可能会带来痛苦和高昂的代价，甚至改变你的职业。因此，我们需要弄清楚云到底是什么。

稍后我们将介绍正式的云定义。本质上，云计算是一种新的关于消费和提供 IT 软件、基础设施和相关服务的商业模式。此外，本章还包括以下内容：

- 云计算的历史
- 云计算的定义
- 云计算的基本特征
- 云服务模式
- 云部署模型
- 类似的技术模型
- 云洗白

1.1　云计算的历史

计算的第一个时代是 20 世纪 70 年代，当时的重点是大型基础设施。当时流行的绿屏终端最终演变成个人电脑。网络从集中式、层次化的设计发展成分散式设计。分散式的处理意味着应用程序从瘦客户端(服务器上的处理)转移到胖客户端(用户/客户端上的处理)，这样更贴近用户。绿色屏幕是与承载数据的后端紧密耦合的接口。分散式使开发人员能够跟踪服务器端的流程步骤和状态信息，同时允许客户端计算机进行更多处理。这段时期是客户端/服务器(C/S)架构的诞生时期，客户端/服务器架构仍然是当今现代技术驱动的业务的核心。

随着许多处理流程越来越贴近用户，割裂性成为主要的限制，这促成计算的第二个时代的到来。20 世纪 80 年代预示着互联网的崛起。很快，分布式计算系统间连接性的发展带来了易于使用、具有视觉吸引力的计算设备的开发和普及。随着局域网扩展到全球互联的广域网，企业在利用这种新的基于互联网协议(IP)的连接方面进展迅速。但是，用户对应用程序性能差、网络延迟和应用程序超时等问题感到失望。开发人员不得不将更多计算负载放在离用户更近的地方。紧密耦合的集中式应用程序不像分散式应用程序那样设计和构建良好，在功能、灵活性和响应上也不如分散式应用程序。

此外，20 世纪 80 年代末电信行业发生了重大的变革。当时处于垄断地位的地方交易所被授权分成独立的竞争公司。竞争使创新加快、成本降低，并带来可靠性与服务水平的提高。

图 1.1 描绘了云计算的各个阶段。

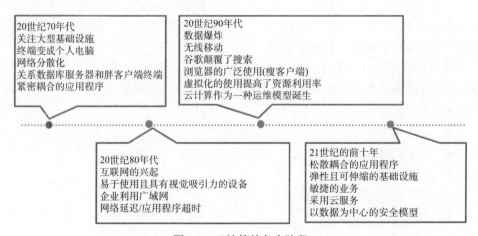

图 1.1　云计算的各个阶段

随着连接和服务的改善，以及竞争的加剧，计算的可靠性不断提高，成本在不断下降，第三个计算时代开始了。期间产生的数据量激增，无线技术开始腾飞，导致手机的广泛应用和移动化解决方案的诞生。谷歌通过使用 MapReduce、NoSQL 和 AppEngine(早期的 Platform-as-a-Service[平台即服务]平台)实现了互联网搜索的自动化，彻底改变了互联网搜索。在 20 世纪 90 年代，无线网络的快速增长和移动设备的快速应用使得瘦客户端以浏览器的形式重生。更好的连接性和基于浏览器的移动应用程序接口使得大部分计算都保留在服务器端，而将内容和响应发送到客户端的浏览器。服务器开始使用一种新的虚拟化形式(1964 年，IBM 在大型机上开始使用虚拟化形式)，以提高资源利用率并改变应用程序的开发和部署方式。

如今，应用程序采用的是松散耦合的架构，可以利用现代弹性的、可伸缩的基础设施。正如前面提到的，虚拟化以不同形式出现已经有一段时间了。真正的创新来自现代化的计费系统和经济模式，我们现在可以购买一小部分核心或一小块 RAM，使用几分钟，然后关闭，直到我们再次需要时才付款。现代计算的真正好处是能够在需要时购买所需的东西，并在完成时归还。该模型促成全新的业务思想、业务战略、运维模式、经济模型和业务类别的诞生。

技术创新通常是在 10 年的时间里进行的，在这 10 年里，我们经历了应用阶段，而后面临着一个重大挑战。这个挑战会逐渐稳定下来，直到可以通过技术创新而被解决，之后我们开始进入下一个应用阶段。第二阶段通常是应用大幅增长的阶段，而能撼动游戏规则的重要创新往往发生在第三阶段。情景意识对商业领袖来说至关重要。你正处于哪个阶段？在面临重大挑战的情况下，你是否提前采用了创新？你的公司是否在这场游戏中姗姗来迟，即将被创新淘汰？领导人必须始终通过控制经济因素来抵消风险。

领导人在尝试实现商业和商业模式现代化的过程中面临着许多挑战。例如，当前以基础设施为中心的安全模型会受一项高管驱动的计划影响——通过采用云服务来降低成本变得毫无价值。为了保持相关性，企业里负责安全方面的专业人员现在必须采用以数据为中心的现代安全模型。传统的由间接成本提供资金的技术团队必须进行转型，使之成为受业务领导者信任的、有固定收入的 IT 方面的合作伙伴。为了保持相关性，传统技术人员现在不仅必须更新他们的技术技能，而且必须更新他们的非技术技能，比如操作风险、经济学、金融学和战略。由经济创新驱动的云计算等技术创新是持久的，会迫使每个人都去适应。每个已知的商业模式都受到云计算的影响：战略、运维、安全性、经济、风险、部署，等等。

云计算也被称为 IT-as-a-Service 服务，由于能够在三个重要的市场部门提供价值，因此很快被采用。

首先是软件市场，这也是最重要的收入标准，云计算能够降低软件消费成本，特别是在应用程序和软件许可证方面，还能降低软件应用程序支持成本。更重要的是，同时也能改进业务后端系统功能。

其次是应用程序开发领域。应用程序开发平台也称为集成开发环境，提供多种语言和框架的嵌入式支持。平台即服务模式存在于多种技术环境中，具有更大的灵活性。环境的灵活性提供了更多的选择，降低了应用程序对供应商的依赖，还产生了根据实际用户数量自动伸缩应用程序的能力。

最后是基础设施。基础设施以合理的价格实现了全球规模。这是现代融合网络用于提供可伸缩的资源池的地方，此外还引入了 IT 自助服务和随需应变能力的概念。

所有这些模型在成本控制、灵活性、上市速度、可靠性和弹性方面都取得了显著的改进效果。

图 1.2 描述了 IT-as-a-Service 的各个组件。

图 1.2　IT-as-a-Service 的各个组件

1.2　云计算的定义

"云计算是一种按使用量付费的模式，这种模式提供可用的、便捷的、按需的网络访问，进入可配置的计算资源共享池(资源包括网络、服务器、存储、应用软件、服务)，这些资源能够被快速提供，只需要投入很少的管理工作，或与服务供应商进行很少的交互。"

——美国国家标准与技术研究所

上述定义是全球范围内引用最广泛的版本，许多国家和行业都在采用，建议在此基础上对云进行定义。这个定义非常重要，我们应该花几分钟时间来详细回顾一下。

云计算是一种模型，而不是一种特定技术。我们并不能买到一台云计算机器。术语"云计算"用于描述提供和使用 IT 基础设施及相关服务的经济和运维模式，还可以扩展到涵盖商业和公共部门的任务模型。这些模型能够实现什么？为什么是云？

它们可以按需对共享的可配置计算资源池进行无处不在、便捷的网络访问，这意味着可以实现随时随地进行访问。网络可以是全球公共互联网，也可以是全球专用网络。无处不在、方便和随需应变的概念是从云服务供应商的目标用户的角度提出的。共享池意味着单个用户或组织不需要为池中的所有资源付费,终端用户仅为他们使用的东西付费。这个概念是云计算经济模型的核心。如果需要为不使用的资源付费,那就不是云计算经济模型。

可配置意味着可以基本上实时更改服务功能,以满足特定用户的需求。

"这些资源能够被快速提供,只需要投入很少的管理工作,或与服务供应商进行很少的交互"意味着高度自动化。云服务供应商运维着高度自动化、面向服务的平台,所需人员相对较少。自动化通过严格地建立和践行 IT 标准得以实现。自动化还可以实现自助服务,因此,如果未来的服务供应商无法在没有人工交互的情况下提供功能,那么应该感到担心。

1.3　云计算的基本特征

当美国国家标准与技术研究所(National Institute of Standards and Technology,NIST)发布云计算的定义时,他们也定义了这种新模型的基本特征。这些特征已经变得比定义更重要,因为这些特征不仅能帮助定义,而且保护了市场免受伴随云计算而来的所有营销炒作的影响。

云计算的第一个特征是:云计算是一种按需付费的、典型的自服务模式。按需付费意味着可以在需要时购买,需要多久就购买多久,并在完成时返回资源。自服务指的是消费者可以在没有任何服务供应商提供帮助的情况下购买、部署和关闭服务的能力。这加快了控制成本的过程并将控制权移交给使用者(请参阅前面的段落,其中介绍了使计算和控制更加贴近消费者和消费者控制的设备这一端的分散化进程和不断创新,它们在这里同样适用)。

从安全性的角度看,这带来有关云服务的获取、供应、使用和操作的治理挑战。值得注意的是,这些新服务可能会违反现有的组织方针。从本质上看,云计算可能不需要采购、供应或财务批准等流程,因为初始成本低、可以进行自服务和即时部署。几乎所有拥有信用卡的人都可以提供云基础设施和服务,这种现象也被称为**"影子IT"**。对于企业客户来说,这种低进入成本、快速部署的按需付费模型可能成为云最重要的特征之一,因为会立即对治理、安全性、长期成本、战略、内部关系和协作造成严重破坏。

云计算的第二个特征是需要广泛的网络接入。你也许曾经听过这句话——网络是云吗?任何被称为 as-a-service 的东西都需要网络连接。在没有网络连接的情况下,如何对网络进行访问、管理、操作或使用(通常借助跨不同客户端平台使用的标准协议来访问)?由于云是一种始终在线且可访问的产品,因此用户可以立即访问所有可用的资源和资产。你可以随时随地访问所需内容。理论上,云需要的只是互联网接入和相关凭证。移动设备和智能设备革命为许多组织中的云会话引入了一种有趣的互动,这些设备通常就能够访问用户所需的相关资源。然而，兼容性低、安全控制无效以及平台和软件系统不够标准等问题使得一些企业对云的首次采用变得更加困难。

云计算的第三个特征是资源池。本质上，资源池是云计算所有优点的核心。将许多较小的计算资源组合到可以同时服务于许多使用者的服务器场或服务池中，可以实现资源的动态分配和重新分配，还能预测成本、控制 IT 资源，并且可以实现更高的基础设施利用率。使用和消费模式会直接影响成本，资源池允许根据用户按需分配和重新分配不同的物理和虚拟资源。如前所述，真正的云创新是经济的，允许我们在完成后停止计费并返回资源。通常，没有云的传统部署方式的资源利用率很低，通常为 10%～20%。将云部署到跨多个客户端或客户群体使用的资源池中，利用率可以高达 80%～90%(在大多数情况下，100%并不是理想的)。资源可以根据动态需求、工作负载或资源需求自动调整。云服务供应商(可简称云供应商)或**云解决方案供应商(Cloud Solution Provider，CSP)**通常拥有大量可用的资源，有数千台服务器、网络设备和应用程序，它们能够快速而经济地适应每个客户端呈现的不同规模和复杂性，而后进行优先级排序，并实现它们。

云计算的第四个基本特征是弹性，也就是动态匹配需求的能力。产品及服务功能的开发、获取、定价和供应都是弹性的，能够快速响应不断变化的用户需求。对于使用者来说，通常有无限的功能，并且可以随时轻松部署任意数量。因为云服务使用的是按使用情况付费的计费模式，所以只需要为使用的内容付费。如前所述，驱动云的创新和采用的主要是影响战略的经济因素。对于周期性负载、间歇性使用的应用程序、季节性或事件类型的商业云，通常在 2%的时间(OPEX)里仅使用 5%，它们无须为物理服务器(CAPEX)支付 100%的费用。设想卖几万张奥运会的门票。在门票发行前，几乎不需使用计算资源；然而，当门票开始销售时，可能需要在 30～40 分钟的时间内容纳 10 万名用户。这就是快速而弹性以及云计算的优势所在。企业不再需要像传统部署那样预先投入大量资本性支出(CAPEX)以支持临时项目的负载。

这里提到的云计算的最后一个关键特征在于云是一种不断测量的服务。云计算本身提供了一个传统 IT 部署难以提供的独特而重要的组件——对资源消耗和利用情况的测量及控制。如前所述，计费是一项重大创新。需要准确地测量云资源的消耗情况并计费，而一旦这成为可能，云的真正能力，包括关闭云的能力，就实现了。通过支持自动报告、监视和警报，从而在供应商和客户端之间提供所需的透明性。与计量电力服务或手机数据使用情况一样，消费者可以透明而直接地访问数据的使用情况，以便在需要时立即改变行为。分项计费提供透明的趋势数据，以及可能导致所需变更的洞察。主动型组织现在可以利用这些经过良好测量的、透明的、细化的、可趋势化的数据向部门或业务单元收取实际消费费用。IT、产品开发和财务现在可以作为收入驱动的团队协同运作，团队可以对每个部门、每个业务功能、每个领导的确切使用情况和成本进行定性、定量分析并给出证明，而这些在传统 IT 环境中是难以实现的。

图 1.3 是云计算的 5 个基本特征的图形化表示。

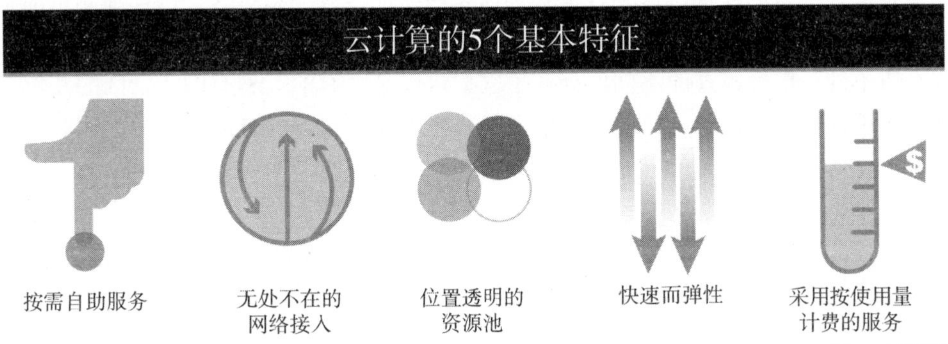

图 1.3　云计算的 5 个基本特征的图形化表示

附带说明： 人们多年来其实一直在使用云，但却没有意识到这一点。云并不是新鲜事物，只是刚刚开始就进入更受欢迎的领域。让我们以互联网接入为例。

- **特征 1：** 根据前面提到的第一个特征，有多少人在想要上网时会在街道上挖洞上网？想必一个人也没有。所以，我们会为这个允许我们在需要时使用的服务付费。
- **特征 2：** 我们是否需要网络才能访问互联网？当然。
- **特征 3：** 我们的生活区域是否需要专用的交换机、路由器、SONET 环等？不，这些资源由服务供应商汇集，并与这一区域内的所有客户端共享。
- **特征 4：** 如果我们需要，可以使用更多吗？完全可以。我们一般只使用自己所需要的，但我们也有能力一直扩展到我们愿意支付的最大性能。如果需要更多，那么可以更改支付水平来满足不断变化的需求。
- **特征 5：** 我们是边用边付费吗？我们的服务是否通过计量来衡量？肯定是的。如果我们选择停止为服务付费，服务就会被关闭。我们每个月都会收到账单，并且通常会有一个门户，我们可以登录该门户，了解我们付费的详细信息，如使用了哪些服务、性能细节、正常运行时间、停机时间等。

1.4　云计算的运维模式

通往云的路径有很多。我们根据服务的提供、部署和使用方式对它们进行分组。云不是一种技术，也不存在层级。云计算的每条路径都是通过综合考虑使用者的当前状况、期望的未来状态、可用的技能和资源以及对风险的容忍度等因素决定的。云产品和服务通常会建立可重用且可重复出现的架构模式(构建块)，用于设计、构建和管理应用程序和基础设施。

云服务主要有三种模式：**互联网即服务(Internet-as-a-Service，IaaS)、平台即**

服务(Platform-as-a-Service，PaaS)和软件即服务(Software-as-a-Service，SaaS)。根据需要选择部署的模式，这三种模式都需要网络连接来动态更改经过详细测量的资源池。然而，每种服务模式在技术解决方案、经济性、复杂性风险和加速水平方面都有所不同。部署模式的不同之处在于它们可以是公有的、私有的、社区的和混合的。每种模式在处理组织风险容忍度、经济模型和管理偏好方面都是独一无二的。

往往是一些触发探究性问题的事件促成迁移到云计算的举措。事件可以是任何东西，比如杂志文章、博客文章、安全漏洞、基础设施停机、关于响应性的投诉、对所需的服务水平难以管理、人员/领导的变更，等等。问题通常可以归结成三点：预期、经济因素和执行。例如，有人希望用更少的预算和时间交付更多的工作，项目执行由于预算和人员的限制而意外失败，等等。

在提出问题并考虑解决方案时，战略细节、经济因素和技术必须保持一致。技术上完美的解决方案可能成本过高，而低成本的解决方案可能与未来的战略不匹配。在所有情况下，经济因素都需要平衡或抵消选定的风险。例如，非常便宜的、自我管理的公有云服务器可能无法达到事务数据库服务器所需的隔离和安全级别。

接下来，我们将介绍如何看待目前可用的三种主要模式。我们如何识别各种云服务模式需要考虑的事情？每种模式的特点是什么，各有什么优势？图 1.4 对这三种主要云服务模式做了概述。

图 1.4　三种主要的云服务模式

1.5　云服务模式

本节将介绍不同的云服务模式。

1.5.1　IaaS

1. 背景

在整个行业中，硬件被忽视了很长一段时间。服务器并不迷人，也没有什么荣誉可言。服务器只是给更重要的应用程序提供支持，而应用程序在解决业务挑战方面获得了所有荣誉。应用程序是用户直接与之交互的东西。服务器被困在黑暗的壁橱里，一直被遗忘和忽视，直到出现了问题。

由于服务器没有获得任何荣誉，因此很少甚至没有得到过维护。服务器也没有用于补丁、升级等方面的预算，所以现在许多服务器已经远远超出它们的使用寿命，并且很容易出现故障。在接下来的几年里，我们将花费大量的金钱重新编写和开发新的应用程序，迁移遗留的应用程序，把它们更新到新的云计算功能，以替换目前卡在旧壁橱里以及内部数据中心中被忽视的旧应用程序和硬件。

IaaS 为许多企业提供了升级和更新基础设施、从前期过度的资本性支出转向按月现收现付的增量支出的机会。这种转变可以带来战略上的变革、市场上的变化、软件开发上的差异以及 IT 工作负载处理中的变化。想想数百台服务器在一小时内能做什么，而一台服务器在数百小时内能做什么。

2. 需要考虑的事情

IaaS 通常按需以小步增量(核心、RAM、存储、网络)部署，并且以增量进行计费。与其花费资本(CAPEX)购买四核或八核的大型服务器(这是目前一些制造商提供的最小服务器)，还不如购买大小合适的虚拟服务器作为服务，使基础设施大小与成本和即时的需求相匹配。这种灵活性使基础设施能够快速与业务战略和经济约束相匹配。

IaaS 可以包含传统部署中包含的许多基础设施组件。防火墙可以是虚拟的，也可以是物理的。可以跨许多不同的风格和平台部署计算和存储。每个服务供应商都有独特的技术和服务的组合。使用 IaaS 的最终目标是忽略基础设施的管理和细节，并在需要时获得所需的服务组合，从而解决当时的需求。

IaaS 是首批可用的云服务模式之一，几乎在所有行业都得到了广泛应用。使用 IaaS，用户不需要直接管理或控制基础设施，只需要管理加载到基础设施的软件和功能(如操作系统、应用程序)。对于底层硬件、虚拟层、防火墙、存储区域网、交换机、路由器、**网卡(Network Interface Card，NIC)** 和相关的**服务水平协议(Service Level Agreement，SLA)**，有不同级别的管理和监控可供选择。IaaS 的风险可控性和较低的起步价对采用云的新手和经验丰富的老手来说都很有吸引力。成本和风险可控对那些试图通过采用云来实现现代化的人再次进行了激励。

随需应变的交付通常通过自助服务门户来处理。该门户提供了对 IaaS 环境的完全可见性和控制权，支持自动化添加、移动、更改、管理和报告功能，而无须在内部或供应商内部等待其他资源。IaaS 可以有许多不同的计费模型来匹配不同的运维成本(OPEX)和资本性支出(CAPEX)要求。在使用 IaaS 时，不需要根据计算和存储资源预测需要预先投入多少资金。IaaS 支持根据需要的增量购买基础设施，以保证利用率。

对于组织来说，IaaS 为按计量使用的模式提供了更高层次的详细信息，可以根据实际使用情况确定使用趋势并对特定部门或功能进行收费。详细的指标和报告还允许根据动态需求进行即时(在某些情况下是自动的)伸缩。当基础设施出现显著的峰值、下降或周期性负载时,资源灵活性尤其重要。

当前的几家 IaaS 供应商是亚马逊 Web 服务、Microsoft Azure 和谷歌。它们提供多种风格的计算、存储和网络服务,其中也有许多还提供解决方案服务。它们分别提供几种不同的经济模型,以匹配服务水平协议(SLA)、操作成本(OPEX)和资本性支出(CAPEX)的要求、风险和部署选项。

1.5.2 SaaS

1. 背景

随着许多中小型组织寻求控制成本、实现战略现代化和按需使用解决方案的其他方法,软件许可证成为一个非常复杂的问题。Oracle 是这方面的典型,这家公司需要烦琐的许可证,在不断增长的云计算市场起步有些晚了。然而,新的服务器配置具有更多的套接字、内核和 RAM。即使在利用率或软件配置没有变化的情况下,由于新的服务器大小调整,Oracle 客户端的费用也要增加到超过一百万美元。这必然影响战略、经济因素,以及最终在面对支离破碎的预算和令人惊愕难过的投资回报率时如何继续向前发展的技术决策。

许多组织缺乏创建定制的软件应用程序所需的技能或资源。免费软件和开源软件帮助了一些组织,但这些软件并不能直接应用,仍然需要组织拥有一些技能并能对这些软件进行重大调整。软件供应商开始寻找方法,希望以更低的成本和更通用的访问方式提供基于云的在线解决方案。这些新模型将以与多个用户相关的新许可模式、一定级别的访问和服务水平协议为中心,不再具有软件基础设施部署的规模。

SaaS 用户使用部署云基础设施的供应商的集中式应用程序。SaaS 支持用户从任何经过批准的客户端设备、浏览器或自定义接口进行访问。除了一组指定的特定于用户的应用程序配置设置之外,用户不能访问底层基础设施、应用程序代码或单个应用程序属性。

在 SaaS 领域,一些应用程序已经实现了规范化,这意味着它们已经被广泛应用,同时存在明显的竞争和创新,从而降低了许可证的成本,例如办公套件、协作软件和通信软件等都是如此。SaaS 供应商通过使用基于许可证的模式向客户提供完整的软件应用程序,该模式通过自助服务接口按需访问应用程序。

2. 需要考虑的事情

使用 SaaS,组织可能有无限的可能性来运行应用程序,而鉴于企业系统、基础设施或资源的限制,这些应用程序在有些情况下可能无法运行。如果部署了正确的中间件和相关组件,SaaS 可以带来巨大的好处。组织可以快速地从这样一种可伸缩、灵活且可随需应变的自助服务功能中获益。

随着数据和应用程序几乎可以随时随地通过互联网访问，客户应用 SaaS 的进程将会加快。此外，还将有以下一些好处。

- 控制和降低成本。
- 许可证或技术支持成为供应商的内置组件，用户从规模经济中获益。
- 取消前期批量许可证的购买和相关的资本性支出，取而代之的是基于需求的即用即付许可证模式。
- 基于用户的内部技术支持需求显著降低，因为软件云服务供应商通常可以大规模地处理更多的技术支持。
- 易于使用和管理有限。
- 自动更新和补丁管理提高了安全性。
- 具备标准化和兼容性。
- 具备全球可访问性。

著名的 SaaS 供应商有谷歌、微软、Oracle、Salesforce 和 SAP。

1.5.3　PaaS

1. 背景

PaaS 同时采用 IaaS 和 SaaS，并为解决这个问题增添了另一种方法。如前所述，人们正试图控制成本，减少支出巨额现金，加快实施战略的现代化，并在需要时只支付所需的费用。IaaS 虽然提供了帮助，但仍然需要大量的人员、技能和资金来支持这些应用程序。根据我们的直接研究，软件每年在管理、维护、监控和技术支持等方面的成本是服务器的 8～32 倍。在 3 年的使用周期中，一台价值 6000 美元的服务器的成本在 6000 美元到 16 000 美元。每年用于软件技术的成本有 64 000 美元。成本取决于软件自身和组织效率。这些运维上的变化意味着需要新的基础设施和软件模型来保持业务的创新和前进。

下一个挑战在于并不是每个软件包都可以使用 as-a-service 模型。有些软件并不能适应现代云模型。一个复杂的问题是，对于大多数公司来说，只有 15%～20%的软件是现成的。其中大部分是定制开发或自行开发的，并且往往针对每个企业内部的某个特定功能和目的而构建。几乎每家公司都必须开发专用的应用程序、中间件、服务、连接器、工作流等。每个项目都需要不同的编程语言、框架和库。然而这个过程应该如何加速，又如何控制成本呢？

值得注意的是，人们意识到所使用的语言、库和框架的组合常常是相同的或非常相似的。使用者需要能够通过使用提供程序支持的编程语言、服务、库和工具来快速地构建和部署应用程序。终端用户不想管理或控制底层云基础设施，但是他们需要控制已部署应用程序的配置设置。定制云服务供应商(CSP)通过将所有需要的组件和子系统集成到一个解决方案栈中进行响应,该解决方案栈现在可以提供服务,也可以根据需要被租用。这种新的 PaaS 模式以更低的成本实现了更快的开发。它现在已经可以被使用,并能被管理和监控,使开发人员能够立即使用可用的最新组件提高工作效率。这也带来了许多其他变化,比如其中的原始材料被集成到环境中,从而能够快速且经济地构建和组装新产品。

2. 需要考虑的事情

PaaS 模式已经彻底改变了软件开发以及将软件交付给客户和用户的方式。通过降低成本、加快上市时间以及在许多组织内促进创新,市场准入门槛已大大降低。

如何选择 PaaS 供应商?支持的语言和框架是关键。支持多种相关语言和框架的供应商可以帮助避免以后进入生产力陷阱。开发人员需要用他们喜欢的语言编写满足指定设计需求的代码。最近的进展包括开源开发栈的选项和许多新的基础设施部署样式,包括 OpenStack 基础设施、各种容器引擎和 Serverless(FaaS)选项。随着应用程序的发展和部署位置的变化,支持多种语言和部署选项的 PaaS 供应商的出现可以减少供应商锁定和互操作问题。

应用程序从来不是静态的。它们在不断地变化、更新和发展。能够跨不同的宿主环境部署和移动应用程序也是 PaaS 的一项关键优势。支持多个宿主环境有助于开发人员或管理员在需要时轻松地迁移应用程序。有了这个选项,PaaS 还可以用于应急操作和连续性的业务,以确保持续可用性。重要的是能将最终环境视为早期用户用于测试功能的平台。这些环境会在某个时刻迁移到运行环境。因为在整个过程和测试中许多事情都会发生变化,所以最终的环境可能与最初的预期不同。在选择平台供应商时,是否有多个部署选项是一个重要的考虑因素。

许多平台供应商起初都想通过集成平台来增加价值。利用独特的工作流、组合、组件使平台专有,从而锁定用户。供应商希望客户只使用他们特定的平台和方向。因为在供应商平台之间进行迁移的能力是有限的,所以要提高用户对平台的依赖性。最近的更改增加了灵活性,满足了开发人员的需求。为了保持关联性,平台供应商需要做出响应,否则开发人员及其社区就会被更灵活的环境和开源选项取代。

当今几乎所有形式的软件都需要**应用程序编程接口(Application Programming Interface,API)**,大多数情况下 RESTful 成为设计原则。服务供应商总是提供指定的或集成的 API。开发人员可以基于通用的和标准的 API 结构在各种环境中运行他们的应用程序。这确保客户与用户的一致性和质量。PaaS 提出了自动伸缩的战略,现在软件可以自适应地向上和向下伸缩,并根据需要通过 API 操纵基础设施。这将有助于适应周期性的、难以预测的需求模式、季节性业务和事件驱动的活动。比如,在实现自动伸缩之前,每年的母亲节,贺曼(Hallmark)的线上贺卡服务器都会瘫痪。在此之前,贺曼必须根据推测的利用率水平来设计和构建基础设施。如今通过自动伸缩战略,平台可以根据需要分配资源并为它们分配这些应用程序。这种自动伸缩能力对于有季节性业务、在使用资源上会出现高峰和低谷的所有组织非常关键。

在选择平台供应商时，要考虑到灵活性和未来的迁移选项。在与项目需求和方向相关的情况下，寻找合适的服务和专业技术支持的组合，寻找不仅提供平台而且提供其他版本的云的供应商。项目开始的地方并不是项目要停留的地方，计划好迁移和改变。虽然不会经常改变，但改变总会发生，请提前做好计划。

著名的 PaaS 供应商包括微软、Lightning 和谷歌。

1.5.4　其他云服务模式

你可能听说过许多其他 X-as-a-Service 产品，如存储即服务、桌面即服务、网络即服务、后端即服务、功能即服务。这些模式只是 SaaS、IaaS 或 PaaS 的子集或聚集。将它们划分为三种标准模型可以简化你可能会遇到的任何云会话。

1. 云部署模型

我们已经介绍了三种标准的云服务模式。云服务模式定义了什么？每种云服务模式的独特之处是什么？它们想解决什么问题？它们的优缺点是什么？我们介绍的每种服务模式都以不同的方式遵循上述五个特征。在每种云服务模式中，可能还有多种方法来启用和部署服务。云服务模式是什么，如何部署模型。

许多云服务很容易理解，例如前面提到的网络。大多数人没有意识到网络是最早的 IaaS 类型之一，因此，网络是云的原始类型之一。诚然，服务有许多类型，有了这些类型，提及它们的方法就更多了。在本节中，我们将介绍部署模型和一些术语。介绍还涉及如何提及不同的部署类型、市场名称、标签和当前使用的术语。

本节还将揭开一些营销炒作的神秘面纱。这些炒作让人在参与这些通常充斥着行话的对话时更容易平静下来。这种"裸金属"与专用云有何不同？什么是公有云？什么是私有云？私有云与专用云有什么不同？这是不同的吗？内部部署的私有云仍被视为云吗？来自服务供应商的私有云也是云吗？如果它被称为云，那它就一定是云吗？

2. 公有云

在提到云时，多数人会想到公有云这一典型的 IaaS 计算部署模型。公有云服务供应商提供的服务之一是 IT 资源即服务，负责构建不固定的可公共使用的物理数据中心和 IT 资源，并进行监控和维护。该 IT 服务环境由许多客户共享，而这通常也可以降低每个客户的成本。通过利用规模经济，CSP 可以通过广泛使用虚拟化、绑定工作负载、抵消客户端工作负载模式和性能层来提高资源的平均利用率。

普通公众使用公有云基础设施。基础设施可以由企业、学术机构、政府组织等拥有、管理和操作。基础设施始终位于服务供应商的场所，因为他们已经拥有运维的所有权。亚马逊就是一个很好的例子。这家公司是靠卖书起家的，然后开始向公众销售多余的服务器和存储容量。基础设施仍然在亚马逊的站点上。

公有云可以分为 IaaS 中的两种子类型：自我管理的或完全管理的。这两种子类型将在本章后面详细介绍。公有云具有高度的可伸缩性、可立即部署、由门户驱动，并且可以在不使用时暂停或关闭。

公有云的好处包括：

- 易于使用且价格低廉，开始采用云计算的成本很低。
- 自助服务门户简化了操作，并且易于提供资源。
- 能够自适应地伸缩以满足客户需求。
- 没有浪费资源，因为客户只需要对他们使用的资源进行支付。
- 包括基本安全服务。

公有云的考虑因素包括：

- 如何应对嘈杂的邻居？
- 安全性是否符合要求？
- 是否有网络访问或存储限制？
- 存取或数据传输的成本是多少？
- 是否具有可移植性？是否可以成长为其他实例类型和服务类型？
- 连接到公有云的其他服务是什么？
- 价格/性能指标是什么？

在这个领域中经常提到的供应商包括亚马逊、微软和谷歌等。

3. 私有云和专用云

伴随云计算而来的是大量的营销、行话和流行语。各大公司都在努力争取脱离群体。他们尝试通过听起来独特和不同来得以区分。专用云和私有云的区别是什么？什么是虚拟私有云？虚拟私有云与私有云不同吗？这些不同的版本是否遵循云的五大特性？许多因素促使人们对单租户的基础设施产生兴趣。根据定义，专用和私有环境都是单租户环境，其基础设施只能由单个公司或客户访问。它们的差异最终还是被归结于经济模式和可访问性。

私有云

私有云通常是为客户单独使用而构建的解决方案，使用私有云的公司/实体租用或购买基础设施。这些环境也可以通过并置服务被部署在服务供应商数据中心内。私有云仍然被视为一种内部部署解决方案，因为并置空间只是基础设施所有者租用的另一个位置。私有云通常由它所服务的组织管理，不过也可以将日常管理外包给可信赖的第三方。私有云通常仅供实体或组织、员工、承包商和选定的第三方使用。私有云有时也称为内部云或组织云。

推动基础设施使用的因素可能包括法律限制、信任和安全法规。私有云的好处包括可以更多地控制数据、底层系统和应用程序，保证数据定位，以及保留所有权与控制治理情况。私有云通常在拥有遗留系统和高度自定义环境的大型复杂组织中更受欢迎。此外，如果在私有云环境中进行了重大的技术投资，利用和合并这些投资可能比丢弃或停用这些设备在财务上更可行。

私有云的名字里有云，但它真的是云吗？以云的名义拥有云并不是云的五大特征之一。这个争论很有趣，结果由你自己决定。将私有云与云的五大特征进行比较，就可以得出答案。

专用云

专用云与私有云非常相似。专用云也是一种单租户解决方案，但它们的所有权和访问权是不同的。在专用云中，基础设施的所有权转移到服务供应商。基础设施位于供应商的数据中心内。专用环境供单租户使用。网络、计算和存储都专用于单租户。

专用解决方案的经济模式通常是一次性预付的**非经常性成本(Non-Recurring Cost，NRC)和月度经常性成本(Monthly Recurring Cost，MRC)**的组合，月度经常性成本是在一定期限(月或年)内每月支付的费用。专用解决方案可以使所有先期的资本模型(CAPEX)在更长的时间内转移到支付较小的模型(OpEx)。可以继续在内部管理和运维，也可以将其外包，或两者兼而有之。

专用云的名字里也有云，但它真的是云吗？这也是一个有趣的争论，结果由你自己决定。将专用云与云的五大特征进行比较，就可以得出答案。云是一种经济创新，因此你在整理答案时可以参考经济学知识。最终，你能把云关掉，然后还回去吗？计费会停止吗？当你关机时，会停止付费吗？

虚拟私有云

与我们这个行业的许多事情一样，私有云的界限常常很模糊(可能与营销有关)。专用云被隔离部署在供应商的数据中心内，是专用云的变体。虚拟私有云结合了公有云和专用云的概念。**虚拟私有云(Virtual Private Cloud，VPC)**采用了基础设施、服务器和存储等共享的规模经济概念，然后与隔离网络相结合。

由于专用云成本高昂且存在嘈杂问题，因此服务供应商采用虚拟私有方法。VPC是一种优势组合，可以控制一些弱点。私有云通常被部署在客户端的基础设施上，作为客户端解决方案。VPC部署在服务供应商的基础设施上。这种服务其实更适合被命名为虚拟专用云。因此，一些供应商更改了名称，从而在一定程度上避免与产品和解决方案产生混淆。

社区云

社区云为终端用户指定的社区提供 IT 基础设施供使用。社区参与者来自具有共同关注点和治理需求的组织。这些需求通常与任务、安全性、战略或法规等有关。社区成员和第三方可以独自或共同拥有社区云，并对社区云进行管理或操作。社区云可能存在于场内，也可能存在于场外。

社区云提供了大部分与公有云相同的好处，同时提供了更高级别的隐私、安全性和法规遵从性。

混合云

混合云是一种将云模型与其他云模型或非云模型组合在一起的解决方案。大多数组织倾向于使用混合云，因为没有一种模型或部署方式可以放之四海而皆准，能匹配所有业务所需的应用程序和服务。许多应用程序不能轻易迁移，依赖性可能会为迁移的应用程序带来额外风险。很少有这种情况，所有的东西仿佛由叉车搬运，在同一时间从目前的状态移动到未来的状态。混合云是当前部署的应用程序和基础设施的通常选择。

在混合的 IT 环境中，私有云、公有云、社区云、传统数据中心和来自服务供应商的服务可以实现集成和互连。然后可以将应用程序和服务部署到最合适的服务和环境的组合中，而后使用。

混合云的主要优点是保留了对关键任务的所有权和监督权，重新使用早期的技术投资，对关键的业务组件和系统有着更严格的控制，以及为非关键的业务功能提供更具成本效益的选项。通过使用混合云部署，还可以强化云爆发和灾难恢复选项的建设。

图 1.5 对云的几种部署模型做了比较。

图 1.5　对比云的几种部署模型

4. 其他云传输模型

　　云和很多技术一样，一般都有流行的概念。有些东西一直很受欢迎，而有些东西很快就失去热度了。当云会话发生时，重要的是要看到曲线的趋势，并记住总体的方向。几十年来，一致的发展方向是将更多的权利交给终端用户/消费者。与几年前销售的许多台式电脑相比，我们今天的手机拥有更强的计算能力，可以运行更多的应用程序。再考虑下物联网(IoT)，强大的计算能力和数据触手可及。联网的汽车目前有将近 40 个处理器和将近 100 个传感器，每小时发送 25GB 的数据，被称为滚动的数据中心。

　　技术在不断创新，并以惊人的速度发展，不断提高你对新趋势的认识至关重要。快速区分技术热点和技术创新的能力也很重要。真正的创新始终具有可持续的经济驱动力。星巴克并没有发明咖啡，而是首次让咖啡和文化密不可分。iPhone 并不是第一款移动设备，然而，iPhone 首次连接了我们的家庭、工作和娱乐生活中许多最重要的方面。云并不是虚拟化的首次部署，而是首次直接将技术、战略和经济等概念联系在一起的创新，并且永远改变了我们构建、部署、使用技术和服务的方式。

　　这里的入围名单包括一些非常具有创新的想法，它们构建并扩展了云计算的核心概念。

- **网格计算**：一种分布式计算模型，可以并行计算，其中的虚拟计算机由一组联网的松散耦合的个人计算机组成，这些计算机协同工作以执行非常大的任务。
- **雾计算**：一种分布式计算模型，可提供更接近雾客户端的 IT 服务。雾计算更接近终端用户。雾计算可以在网络级、智能设备和终端用户客户端处理数据，而不是将数据发送到远程位置进行处理。
- **露水计算**：露水计算位于地面，用于云计算和雾计算。与雾计算相比，露水计算旨在支持对网络延迟敏感的物联网应用，并且需要实时和动态网络具备可重新配置性。露水计算将应用程序、数据和低级服务推送给终端用户并远离集中式虚拟节点。
- **边缘计算**：边缘计算通过将处理流程、应用程序和数据尽可能远离集中的资源来扩展云计算。将工作转移到边缘也意味着设备(如移动设备、笔记本电脑、平板电脑)可能并不总能连接到互联网，这意味着处理流程还需要内容高度分布的高度冗余。
- **物联网**：物联网将物理世界和逻辑世界连接起来。传感和处理技术在需要时被放置在需要的地方。云计算正在迅速演变，以帮助捕获物联网计划和项目生成的大量数据，并进行处理和使用。
- **人工智能、神经网络和机器学习**：这些概念之所以结合在一起，是因为它们很难分开，有时甚至可以互用，尽管它们之间存在明显的差异。人工智能已经存在了几十年，并不新鲜。然而，云计算消除了许多阻碍创新的障碍；300 台计算机一小时可以处理数量惊人的数据，对它们进行连接和关联、从中学习和应用数据。

云计算的创新最近真正帮助这一领域实现了飞跃。

1.6 云洗白

"云洗白"指的是将流行词"云"与现有产品或服务联系在一起,重新定义现有产品或服务的一种欺骗性尝试。在财务结构中,也有类似的概念,描述了通过将现有的服务和产品重新定义为云服务来夸大公司云业务的财务结果的做法。一个典型的例子是,通过浏览器访问互联网上的任何应用程序或服务都可以被称为云计算,仅仅因为是通过互联网接收服务的。

另一个例子是传统的**应用服务供应商(Application Service Provider,ASP)**模型,其中第三方为个人和公司提供通过互联网访问应用程序和服务的机会,这些应用程序和服务通常位于个人或企业的计算机中。ASP 通常作为 SaaS 进行销售,然而这两种模型之间有许多显著的差异。一方面,ASP 是一种软件交付方法,其收入模型与软件本身无关,其核心是单实例、单租户遗留软件的部署。ASP 的收入模型就像租用安装了应用程序的服务器。这种方式失败了,因为缺乏对供应商的可伸缩性,过多地需要定制,并且对于实例化只有一个客户,没有数据的有机聚合,也没有可收集和聚合的网络效应数据。

另一方面,SaaS 是一种具备包容性的业务架构,是一种价值交付方法。SaaS 内置的多租户设计允许共享资源和基础设施。SaaS 是可伸缩的,为服务供应商提供了真正的规模经济。这种方式降低了总成本、运维的复杂性和定制问题。还可以利用多租户来改善客户服务和维持自身,缩短销售周期,加快收入增速,取得竞争优势,甚至可以直接通过其他服务获利。

安排托管服务有时也被称为云托管。不同之处在于,日常功能被外包给特定的供应商,以提高与数据中心相关的操作流程的效率。与此同时,客户还需要支付所有的资本投资(预付或加到经常性费用中),并承诺在最短期限内定期付款。这些支付不是由使用情况驱动的,而是通过计算最低期限内的总运维成本和定制成本、财务利率和服务供应商的最低利润等相关内容而决定。然而,不论哪种云服务模式,供应商负责承担所有资本成本,并向所有市场的客户提供相同标准的服务。客户根据实际使用情况付款,并且没有所谓的最低期限承诺。

1.7 云计算的分类

云计算的分类法最初是由**美国国家标准与技术研究所(NIST)**开发的,作为标准化云架构会话的工具。此后,这个基本模型通过社区得到强化,并被广泛用于介绍基本概念。图 1.6 描述了主要的分类法组件。

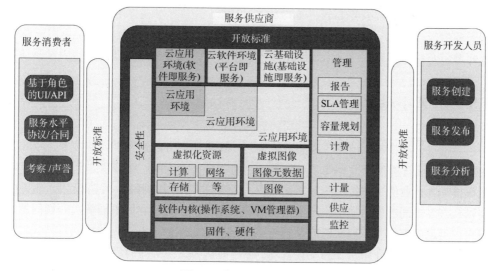

图 1.6　主要的分类法组件

　　服务消费者(Service Consumer)是实际采用云服务的实体(企业或终端用户)。用户通常有多个编程接口。这些接口就像普通的应用程序一样,用户不需要了解任何云计算平台的细节。用户界面还可以提供虚拟机或存储管理等管理功能。

　　云服务供应商(Cloud Service Provider,CSP)为服务消费者创建、管理和提供 IT 服务。提供的程序任务因服务模式而异:

- 在 SaaS 模式下,供应商安装、管理和维护所有软件,服务消费者只能访问应用程序。
- 在 PaaS 模式下,供应商管理并提供标准化的应用程序开发环境。这通常以开发语言框架的形式出现。
- 在 IaaS 模式下,供应商运维任何与提供 IT 服务相关的设施、硬件、虚拟机、存储和网络。服务消费者负责对服务进行设计、操作和交付。

　　服务供应商的运维关键是管理层。管理层负责计量和监控所有服务的使用情况,它还根据用户需求和服务供应商的能力来提供和取消服务。管理还包括计费、容量规划、SLA 管理和报告。服务供应商操作的所有方面都需要安全性保证。

　　服务的开发人员负责创建、发布和监控云服务。通常,这些还包括直接交付给终端用户的业务应用程序。在创建服务期间,远程调试和服务测试会进行分析。当发布服务时,监控服务性能也会进行分析。

　　标准和分类将以四种不同的方式影响云用例场景:

- 在每种云服务类型中。
- 跨越不同类型的云服务。
- 在企业和云之间。
- 在企业的私有云中。

在每种类型的云服务(IaaS、PaaS 或 SaaS)中，开放标准允许用户自由迁移到其他云服务供应商，而无须对应用程序或运维进行重大修改，从而帮助组织避免供应商锁定问题。企业内部标准通常由互操作性、可审核性、安全性和管理需求等因素驱动。

1.8　本章小结

当推进云会话时，请记住云的五大特征，这将使你可以专注于调整技术、经济因素和战略。云计算的重大创新是经济上的，而不是技术上的。经济模式上的变革战略正在推动各行业的快速转型和数字化进程。云有许多不同的服务、经济模型、部署模型以及许多不同的使用战略。云只是工具箱中的一个工具，它并不能解决一切问题，但它正迅速成为解决一切问题的基础。

第 2 章将开始介绍治理和变更管理。你可能认为云架构师的成功取决于选择的技术。这种想法与事实相去甚远。虽然云计算是数字化转型的基础，但是成功的云计算解决方案必须建立在有效的变更管理和 IT 治理的基础之上。

第*2*章

治理和变更管理

要采用云计算解决方案，就需要进行改变。而要进行改变，就需要了解相关的富有洞察力的数据、具有计划良好的治理且能坚持进行变更管理。由于许多原因，改变在许多方面都存在着困难。如果没有治理和变更管理，推动采用新的解决方案的流程可能会令人疲惫、不受欢迎，流程十分缓慢且代价昂贵。

治理和变更管理是不可分割的，但它们不可互换。两者并不互为同义词。治理和变更管理之间存在一种紧密耦合、相互依赖的关系。一边的变化肯定会影响另一边。然而，它们分别是什么？又有什么区别？

治理解决了实施变更时需要考虑的事项。治理是关于如何对所牵涉的事物进行变更的运维协议。治理的定义及运维规则可以确定组织结构、决策权、工作流、流程、利益相关者、授权点和收费站等方面。治理规划的目标是探讨当前的运维方式，以及变更期间和变更之后的运维方式。精心规划的治理理想地创建了目标工作流，使业务实体资源的使用和目标与业务目标保持一致并得以优化。

变更管理侧重于人员，以及如何通过实施变更来帮助人员。规范上的变化可能才是真正的挑战。人员很难偏离平时运维的舒适模式、已经被广泛接受和采用的工作流、团队结构、角色和职责以及已知的参与规则。变更管理通过提供诸如传递消息和沟通的计划、有效的支持、交互式培训和指导、成功和胜利的共同所有权等内容，帮助人们实现变革。

在本章中，我们将介绍以下主题：

- IT 治理
- 变更管理
- IT 服务管理
- 构建云计算解决方案目录

2.1 IT 治理

可以通过治理处理实施变更所需的内容。通常，我们将从确定结果、责任和流程的一系列问题开始。期望的结果总是排在第一位。如果不知道想要的结果，就不可能确定参与其中的人，以及为了达到目的需要做的事情。

有助于启动 IT 治理流程的三个问题如图 2.1 所示。

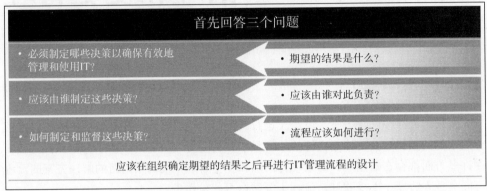

图 2.1　有效的治理首先要解决的三个问题

组织的领导和管理层必须阐明他们期望的结果以及谁该对这些结果、升级标准、流程中的触发机制、进展过程、想要使用的指标和计数器指标尽职尽责。组织的领导和管理层必须持续对预期结果进行监控和评估，以确定预期结果的方向、采用级别、对指标的影响以及对计数器指标的影响，还要思考这种变更是否具备必要的透明度，是否遵循预期的时间表，利益相关者和决策者是否在进行相应的调整。并且在通过变更监控治理情况时，记分卡可在作比较、对结果进行可视化和提供指导等方面发挥作用。

计数器指标

计数器指标可能表示实际变更之外的意外结果或行为。例如，新的存储器可以实现更快的吞吐速度、服务器的响应速度更快，负载也更多。衡量指标是服务器的磁盘 I/O 和数据传输统计数据。由于使用了第一响应者算法，一台服务器现在获得所有的流量，这些对策可能包括负载均衡指标的显著变化。网络端口的高利用率、高 CPU 或 RAM 利用率也可能是要观察的指标，以确定变更是否在不受变更直接影响的其他地方导致不良行为。

图 2.2 展示了一张 IT 治理记分卡，其中包含结果和指标的记录。

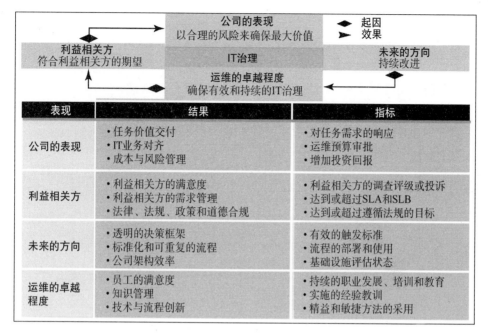

图 2.2　IT 治理记分卡

IT 治理没有一种放之四海而皆准的方法。变更以各种形式和大小出现，需要应对许多或更多独特的挑战。IT 治理是独一无二的，因为当把变更部署到不同的运维模式和部署模型时，即便与同一期望结果相同的变更，也需要不同的治理方法。

在构建 IT 治理计划和流程时，需要考虑完整的作用范围和战略。清楚地了解有哪些业务流程和应用程序可能受到影响非常重要。在选择运维模式和部署模型时，还必须考虑可能导致意外结果的成本、收益、风险和缺陷。不同的模型将需要不同的治理计划和流程。如前所述，如果治理发生了变化，那么变更管理也会发生变化。

2.2　实现战略

举例来说，IT 产品和服务有三种主要的分类使用方式。第一种是使用公司内部云，组织为所有可用资源的所有权付费。公司还雇用所需的操作人员来运维部署的解决方案。在这种分类中，公司拥有 IT 治理的完全控制权。

第二种是使用**托管服务供应商(Managed Service Provider，MSP)**，公司与外部服务供应商签订契约以提供和/或管理 IT 资源。在这种分类中，公司通过协商和执行称为服务水平协议的具有约束力的合同来保持一定程度的 IT 治理控制权。公司还需要为 MSP 的所有成本加上双方商定的利润出资。得益于规模经济，这比传统的数据中心更便宜。如果 MSP 更高效和/或更自动化，那么在期望结果相同的情况下，MSP 可能更便宜，但是需要对治理进行一些变更，因为一些职责将从公司内部资源迁移到服务供应商。

第三种是使用**云服务供应商(Cloud Service Provider，CSP)**。CSP 资助所有的硬件和软件。CSP 还为所需的业务人员支付工资和福利。所需的 IT 功能完全由公司作为服务使用。在这种分类中，CSP 对 IT 治理具有完全的控制权。

图 2.3 展示了外包模型、MSP 和 CSP 之间的一些差异。在选择 IT 战略时，相关的治理计划还必须适应服务模式、部署模型和实施具体选项。

托管服务供应商	云服务供应商
公司规定技术和操作程序	CSP规定技术和操作程序
有网络运维中心(NOC)服务	没有网络运维中心(NOC)服务
有客户服务台	无客户服务台
对客户进行远程监控和资产管理	客户负责监控和管理资产
积极维护管理的资产	客户负责资产的维护
可预测的计费模式	使用计费模式付款

图 2.3　外包模型、MSP 和 CSP 之间的差异

2.3　变更管理

组织/策略的摩擦是因为改变既定的规范而产生的，而不是因为使用的技术。在采用云计算时，公司必须关注变更商业模式带来的好处。公司在寻找支持新增长、现代化产品战略和持续经济压力的方法时，需要进行许多变革。由于多种原因，迁移至云计算的流程可能会非常复杂。其中最常见的包括：

- 新知识
- 基础设施的动态性
- 新的云服务管理工具
- 快速创新和快速发展的市场
- 新的管理模式
- 分布式所有权
- 持续优化

在云迁移期间，组织不仅从技术的角度进行了变更，同时还变更了他们的思维方式和组织文化。图 2.4 展示了与从传统模型迁移到云计算相关的变更。它们中的每一个都同时改变了组织文化、所需的技能和个人心态。

领域	迁移前	迁移后
安全开发	以基础设施为中心	以数据为中心
应用程序开发	紧耦合的	松耦合的
数据	主要为结构化的	主要为非结构化的
业务流程	主要为串行的	主要为并行的
安全控制	企业负责	责任分担
经济模式	主要为CAPEX	主要为OPEX
基础设施	主要为物理的	主要为虚拟的
IT运维	主要为手动的	主要为自动的
技术运维范围	区域性的	全球化的

图 2.4　迁移前后的变更

　　理想情况下，在开始采用云服务之前，应该有重点地实行变更管理战略。变更管理计划应该迅速着眼于提高认识，理解和接受变更，以及兑现组织对预期结果和与之相关的人员的承诺。变更管理和沟通计划必须一直专注于提供支持组织变更的数据和消息，使思维和技能集现代化，突出优点并提高认识。组织应该检查指标和计数器指标，以测量组织文化的变化率，并确定利用所有沟通渠道的时间和消息传递是否正确。

　　云计算是一种变革。任何变革战略中最困难的部分是改变组织中人员的思想。对于领导者来说，重要的是要敏锐地意识到需要寻找什么，并有适当的指标和计数器指标，以显示组织文化的变更、迁移率和朝着预期结果的进展。一个要问的关键问题是，每个团队成员是否都知道远景是什么。换言之，他们是看到了整个大象，还是只看到了与大象相关的某个部分（参加图 2.5）？他们是否理解部分是如何与整体相联系的？

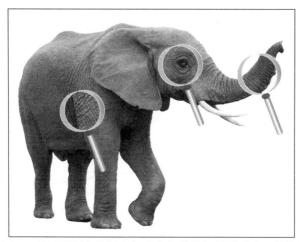

图 2.5　员工看到大象了吗？各个角色是如何联系在一起的？

指示性问题可能包括：

- 他们相信可以实现这种迁移吗？

- 客户和服务供应商是否在同一层面上？
- 他们认为自己有足够的资源来完成计划吗？
- 员工是否正确分类，并在正确的地方做正确的工作？
- 一起工作的各个小组是否能理解并接受接口和交接？
- 整个公司都在使用公认且一致的词汇表和定义吗？

我们可以以将 IT 行业视为部落。IT 行业有自己的语言、术语和标准短语。云在 IT 部落中有自己的方言。部落成员之间有共同的习俗、仪式。与任何其他部落或文化一样，标准化的做法和方言使外人、新手以及可能对部落构成威胁的人能够迅速被识别出来。当前进过程中缺乏对当前实践的认识，或者使用完全不同的术语传递消息时，变更不可能实现。

随着云计算和 things-as-a-service 应用的增加，变更管理和通信计划正在为之铺平道路。经过深入研究，有效的通信规划和 IT 治理战略可归为几点。其中的一些指导方针如下：

- 使用部落方言进行交流。
- 使用行业标准的术语和定义。
- 如果可能，提供权威的来源。
- 为每次通信提供数据和洞察。
- 抓住每一个机会来强化变更带来的好处。
- 确保领导者熟悉部落语言、习俗和仪式。

公司还应该明确地将需求方的治理与供给方的治理联系起来，以提高效率和有效性，如图 2.6 所示。作为公司持续改进流程的一部分，指标应该被评估，以创建、修改或删除。

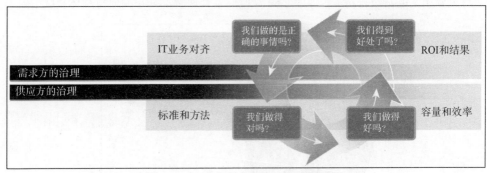

图 2.6　IT 治理与高效实现之间的联系

2.4　IT 服务管理

可以使用服务管理框架(参见图 2.7)来实施云计算解决方案。在设计解决方案时，架构师必须考虑好组织准备如何进行管理和运维，并对服务进行持续改进。为有效地提供 **IT 服务管理(IT Service Management，ITSM)**，最广泛采用的行业标准流程必须基于 **IT 基础设施库(Information Technology Infrastructure Library，ITIL)**。ITIL 将

ITSM 分为如下四个领域。

- **IT 基础设施**：与 IT 服务直接相关的技术组件，例如在服务器上运行的**红帽 Linux(Red Hat Enterprise Linux，RHEL)**操作系统。
- **支持服务**：操作面向客户的 IT 服务所需的底层基础设施，例如使用主机名访问 RHEL 实例所需的 DNS 服务器。支持服务可以称为 IT 内部服务。
- **IT 服务**：客户要求的服务。每个 IT 服务都需要使用相应的 IT 基础设施。因此，IT 服务通过添加服务定义(如 SLA 信息和成本)来补充一组 IT 基础设施组件。在我们的示例中，红帽 Linux 可以提供黄金服务和银服务，黄金服务可以提供 24×7 小时的支持，而银服务以较低的成本提供 8×5 小时的支持。
- **ITSM 框架**：编排部署 IT 服务所需的所有活动的标准和流程。这不是基础设施组件的集合，而是 IT 服务的部署、运维和停用框架。ITSM 框架将 IT 基础设施、支持服务和 IT 服务联系在一起，并提供所需的运维功能。将 IT 服务呈现给潜在客户，客户反过来需要能够订购 IT 服务。

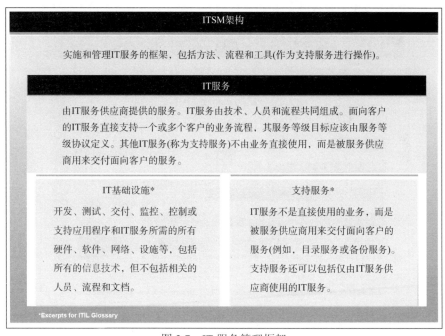

图 2.7　IT 服务管理框架

不应该将 ITSM 框架与服务所需部署的 IT 基础设施混淆。重点在于编排部署 IT 服务所需的所有活动，而不只是部署一组基础设施组件。如果客户请求红帽 Linux 的黄金服务，那么不仅要使用红帽卫星部署操作系统图像，而且要在**配置管理数据库(Configuration Management Database，CMDB)**中对服务建模，配置事件和影响管理，确保相应的 OLA 汇总到承诺的 SLA 中，并在面向客户的门户的服务视图中进行报告。

ITSM 框架将所有内容连在一起，形成一致的服务。

除了实施 ITSM 外，还应进行下列最佳实践。

- **在整个公司中实施严格的标准化**：实现敏捷治理的最有效方法通常是设置少量的不可抗拒的约束。亚马逊的杰夫·贝佐斯(Jeff Bezos)在 2002 年有一项著名的规定："亚马逊的所有团队今后都将通过服务接口公开自己的数据和功能。"而这些数据和功能最终可能会公开给面向公众的市场。接口的形式和样式由团队决定，但关键的一点是，任何不遵守该规定的人都将被开除。在现代 IT 管理的成功案例中，严格执行轻量级的需求是一个反复出现的主题。如果由于组织机构的考虑而无法全面实施，那么通过既能展示新模型范围又明确的试点项目来表现成功就显得更加重要了。

- **IT 标准化**：进行标准化对于提高运维效率、降低总成本和减少新功能交付耗时而言至关重要。在所有行业中，进行标准化可将服务器数量平均减少 2/3。提高标准化的利用率可以实现这些目标。这类转换大部分是通过对软件开发平台进行标准化来实现经济价值的，并通过标准化的运维流程保证人员的效率，如图 2.8 所示。

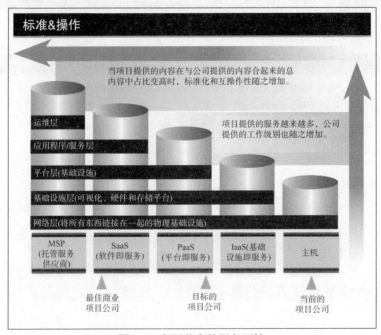

图 2.8　实现共享的服务环境

- **IT 变更管理标准化(流程和工具)**：作为采用 ITIL 的一部分，组织充分了解自身的 IT 资产是至关重要的，这通常是迈向 ITIL 的第一步。一旦收集了 IT 资产的基本情况，配置控制和流程就必须到位并严格遵循，这对于有效地处理事件管理(恢复服务、分析事件类型和趋势以及改进通信问题)、问题管理(分析根本原因、记录已知错误)和变更管理(减少意外中断、跟进合规性的批准、支持新服务)是必需的。这些流程中的变化难免会有一些问题，而这些也很容易被客户看到。标准化的目标就是提供透明、高效且一致的流程和服务。

- **从客户委托模型到以客户为中心的模型的转换**：在客户委托模型中，解决方案的设计主要由目标终端用户的需求和要求驱动。这种做法可能导致运维上类似的解决方案之间存在广泛的技术差异。在以客户为中心的环境中，架构师设计的解决方案可以满足广泛的用户市场。这些产品主要针对所提供服务的目标受众。例如，亚马逊云计算服务只提供有限的 Windows 和 Linux/UNIX 补丁版本。这使得他们能够以非常低廉的价格按需向客户提供这些服务解决方案。

- **利用所有可用的共享服务**：通过基于云的产品获得的互操作性和效率如图 2.8 所示。随着越来越多的组件趋向标准化，它们的工作负载以及整个系统的复杂性都会降低。随着公司和云服务日趋成熟化，公司执行越来越多的工作。最终，特定于业务流程的应用程序可以部署为专门的 IT 服务的扩展。

- **使用通用的标准化交付模式**：理想情况下，所有的云计算解决方案都应该被设计为现有云服务的实时集合。图 2.9 描述了通用的标准化交付模式。图 2.9 的最左侧描述了一些公司的模式或软件集，这些模式或软件集可用于支持特定的业务。图 2.9 还涉及公共开发环境的概念。这种公共开发环境可以是 PaaS，或是针对特定的部署模式使用特定软件组件的标准化公司环境。通过将经过认证且认可的开发环境与特定的经过认证且认可的运维环境相匹配，组织可以快速开发和部署行业认可的解决方案。

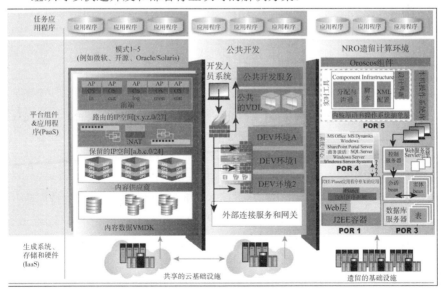

图 2.9　通用的标准化交付模式

2.5 构建云计算解决方案目录

为了与 ITIL 的建议保持一致，组织的 IT 服务应该是面向客户的可用技术服务的代表。反过来，组织的 IT 服务目录应该提供客户评审、选择和获取云计算解决方案所需的所有信息。尽管已经使用了自顶向下方法(从业务视图)和自底向上方法(基于技术和可用的技术服务视图)，但行业最佳实践表明，自底向上方法更有效，因为这种方法基于有形的东西来组织可用的技术或技术服务。

将技术服务映射到云计算解决方案需要架构和交付标准。如果没有标准，就无法跨越 IT 外部和内部边界进行映射(例如，如果 IT 没有为 RHEL 保持标准化的构建和交付方法，那么每次订购红帽 Linux 的黄金服务时，客户将收到不同的结果)。组织如若未能在整个技术领域设定和执行标准，那么无论是在架构还是交付方面，都将与 IT 服务管理的确切目的背道而驰。

云计算解决方案任务的挑战主要在于构建和组织可用的服务以实现标准化、高效和可重现的映射。这在 ITIL 中被称为服务设计。在服务设计阶段，云计算解决方案的所有方面都必须满足新的和不断发展的业务需求。云计算解决方案经常考虑的业务方面包括：

- 业务流程和功能服务需求的定义，例如电话销售、开发票、订单、信用检查等。
- 由服务供应商交付给终端用户或公司的服务(或解决方案)，例如电子邮件、账单。
- 服务水平协议，指定要提供的服务级别、范围和服务质量。
- 基础设施——向终端用户交付服务所需的所有 IT 设备，包括服务器、网络、交换机、客户端设备等。
- 保障和运维基础设施所需的环境要求。
- 提供服务和交付执行业务流程所需的信息必须要有数据。
- 应用程序需要操作或修改数据，并提供业务流程的功能需求。
- **运营级别协议(Operational Level Agreement，OLA)**和合同，以及交付 SLA 规定的服务质量所需的任何基础协议。
- 支持执行所有必要的运维所需的服务。
- 执行和操作所交付服务所需的所有流程或过程。
- 为终端用户和任何服务组件提供第 2 级和第 3 级支持的内部支持团队。
- 为终端用户或服务组件提供第 2 级和第 3 级支持所必需的外部第三方供应商。

云不是万能的。我们必须首先单独考虑组件。如果云独立地为组件提供优势，那么应该在组件的其他关系、交互和对其他组件及服务的依赖关系中考虑它们。如果优势可以保持不变甚至增加，那么云计算将成为可行的选择。通过云计算，可以产生一种有效的、经过充分研究的、易于沟通的解决方案，使技术、战略和经济业务需求在可接受的风险情况中保持一致。

按照 ITIL 的建议，应使用九个类别的配置管理项来记录每个解决方案组件。

- **描述**：通过使用标准化的图表和简短的文本来描述单个解决方案组件。
- **生命周期**：定义组织的解决方案组件的特定生命周期。该生命周期与供应商生命周期不同(滞后)，因为供应商产品可能需要定制以满足内部标准。
- **配置**：描述解决方案组件的技术配置，解决方案组件所需的配置流程在工件流程和运行手册中。
- **配置管理**：记录解决方案组件在配置管理框架中的实施要求，包括 CMDB 模板和配置管理报告。
- **安全性**：在技术和流程方面，部署和运维解决方案组件时必须满足的安全性需求。
- **监控**：监控运维解决方案组件所需的功能。
- **流程和运行手册**：与解决方案组件相关的一次性活动，例如配置。运行手册主要关注正常活动以及预期中所有与特定的解决方案组件相关的异常活动，例如房屋清理、备份/恢复、审计、故障迁移。流程描述和运行手册都应该涵盖解决方案组件完整的生命周期，包括配置、运维和停用。
- **财务**：**CAPEX** 和 **OPEX** 的技术成本，但并不包括任何面向 IT 服务的成本，例如系统管理员的支持，因为它们可能根据相关的 IT 服务而有所不同。
- **蓝图**：详细描述解决方案组件的技术实施。对于工程团队，蓝图定义了如何为客户开发组件，其中包括关于组件的详细技术信息。

应使用以下 12 个类别记录解决方案本身。

- **描述**：通过使用标准化的图表和简短的文本来描述单个解决方案。
- **非功能性需求(Non-Functional Requirements，NFR)**：以标准化且明确的方式定义的解决方案需求。NFR 有两类：
  - ➢ 一类描述基础结构组件提供的特性和功能。
  - ➢ 另一类扩展基础设施功能以满足额外的终端用户期望，称为 QoS NFR。
  - ➢ 恢复点目标(Recovery Point Objective，RPO)和恢复时间目标(Recovery Time Objective，RTO)用于数据中心内部的故障迁移以及数据中心之间的故障迁移。
- **所需的解决方案组件**。
- **生命周期**：解决方案生命周期主要基于解决方案所需的各个解决方案组件的生命周期。
- **配置**：解决方案的配置由解决方案组件的配置组成。但是，一些解决方案可能需要预先提供其他解决方案。
- **配置管理**：记录解决方案关于实施配置管理框架的需求，包括 CMDB 模板和配置管理报告。

- **安全性**：解决方案的安全性应该被构建到各个解决方案组件中，而不是只在解决方案级别添加。大多数解决方案不需要额外考虑安全性。

- **监控**：对整个解决方案的监控本质上是各个解决方案组件监控功能的集合。如果可行，解决方案级别的监控应该能确定来自不同解决方案组件的事件是如何关联和去除的，这些必须与弹性评估工件中描述的场景对应。

- **弹性评估**：描述所有可能的技术故障场景(不包括运维故障)，包括对故障的描述、监控组件如何检测故障以及可能的补救措施。然后根据 QoS NFR 捕获故障的影响，主要是中断时间和数据丢失情况。所有场景中最差的 QoS NFR 就是整个解决方案的 QoS NFR。

- **流程和运行手册**：解决方案组件级别上相应工件的集合。由于将解决方案映射到 IT 服务，因此存在特定于 IT 服务的流程步骤，这些步骤可作为组件流程的包装器。

- **财务**：解决方案使用的每个组件在技术上的资本性支出和运营成本。

- **蓝图**：对于由解决方案组件组成的解决方案而言，没有特定解决方案的蓝图，并且不提供解决方案组件之外的技术功能。

ITSM 框架必须支持将 IT 服务映射到解决方案，并维护解决方案组件以及解决方案和交付模式之间的关系。这可以通过以下方式实施：

- 客户订购 IT 服务。

- 将 IT 服务映射到解决方案。

- 确定解决方案所需的解决方案组件和复合解决方案组件(解决方案不能作为单元部署，而是作为组件部署)。

- 解决方案组件作为单独的组件部署。

- 解决方案由解决方案组件重新构造并映射到 IT 服务。

2.6　本章小结

只有建立在有效的 IT 治理和变更管理基础之上，云计算解决方案才能成功。本章通过讲解云的实现战略和 IT 服务管理细节来扩展解释这一关键点。本章还深入研究了云计算解决方案目录，服务供应商可以通过云计算解决方案目录展示和解释可用的技术服务。

第 *3* 章

设计的考虑因素

云计算不是一项技术，而是一种经济上的创新。对于设计、经济模型、风险概况、战略和技术决策等，有许多思考方法。本章将通过一些方式介绍云设计的思考流程，如何消除围绕云的一些噪声，如何集中精力于面临的业务挑战，以及如何将解决方案映射到这些业务挑战。

本章将介绍以下主题：
- 设计基础——思考流程
- 设计基础——云计算不是一项技术，而是一种经济上的创新
- 设计基础——计划
- 了解商业战略和目标

3.1 设计基础——思考流程

云应该很简单，也应该十分快速。即便不能解决所有问题，也应能解决很多问题。当人们开始深入研究云的设计时，他们发现云并不总是那么简单，也并不总是那么便宜，事情也不像预期的那样进行。在许多情况下，不一定会采用云，这是一个很大的挑战，并且由于种种原因，设计也总与预期不符。在本书中，我们介绍了人们感知到的需求只是起始目标，还要通过收集额外的洞察和数据来加速需求的实现。最终，成功的设计必须同时协调经济因素、战略、技术和风险。这种平衡使得风险和经济在均衡时可以相互抵消。

在我们的行业内，几乎每个人都受到这种变化的影响，云计算是一种罕见的事物，迁移到云计算是一项巨大挑战。当人们能适应流程和工作方法的变化时，他们必定能接受这种迁移。

如果没有心理和情感上的支持，项目可能会停滞不前、超出预算，甚至可能面临失败。从意识和组织文化上接受迁移到云计算的唯一途径是通过数据。

举个例子，设想有位开发人员，他需要为未来所有的项目使用不同的云供应商。这位开发人员必须更改流程和工作方法，并且可能还要学习使用新的系统、应用程序和工具。这个例子并不是关于迁移到云，而是关于云之间的迁移。如果开发人员喜欢与之前的云供应商合作，那么会是什么样的情况呢？如果开发人员可以非常高效地使用工具集，并且能够快速引导当前流程，情况会怎样呢？如果开发人员提供的数据显示新的云供应商能以低于 30%的成本提供机器，情况又会怎样呢？然后，开发人员可以在相同的预算下获得并使用三倍数量的服务器。因此，如果将更多的计算资源与集成的工具集和自动化流程结合起来，那么生产效率将提高十倍，结果会怎样呢？在所有情况下，数据都有助于推动云计算的采用。

当我们开始考虑设计时，需要一个持续的思考流程。具备持续而有条理、以流程为导向的思维有助于完成以下几件事：

- 消除噪声
- 通过复杂性实现快速导航
- 保持对约束和目标的关注
- 允许快速准确地解释相关的洞察
- 精确识别满足约束条件的最佳解决方案
- 快速发现优化战略的机会

3.2 设计基础——云计算不是一项技术，而是一种经济上的创新

与大多数人的想法相反，云不是一种技术创新，而是一个经济问题。虽然云基于虚拟化技术，但虚拟化并不是一项新技术。从 20 世纪 60 年代早期的 IBM 大型机(CP-40)开始，虚拟化就开始存在，到现在已经有 50 多年的历史。几十年来，我们一直试图为了正在努力完成的任务或工作负载拥有更好的硬件和更高的系统利用率。虚拟化始于 IBM 实验室以及麻省理工学院的科学家和数学家，他们试图进行复杂的计算和完成更多的工作。当时，一个任务被限制在一个系统中。IBM 提出了虚拟化内存的想法，从而可以创建单独的实例，并在相同的时间内完成更多的任务。虚拟化的诞生大约发生在 1963 年，第一个商业化的虚拟化系统在 1967 年左右上市。

本书经常介绍战略、技术和经济因素必须结合起来才能设计成功这一事实。云计算和虚拟化不是技术创新，它们不是战略创新，因为以尽可能低的成本最大限度地利用计算的战略已经存在了很长时间，甚至比虚拟化更久。云确实是一种经济上的创新。

云的问题不在于技术，而在计费。问题是人们无法找到一种方法来精确地为一小部分处理器或 RAM 在一秒、一分钟这样的一小段时间内计费。真正的创新，在于实例可以根据消耗的时间按指定的成本来计算，还能够关闭或还原，并且仅对使用的资源和时间进行计费(每个人都将亚马逊云计算服务(Amazon Web Services，AWS)视为早期的 IaaS 按需付费模式)。创新在于可以按现收现付模型(OPEX 与 CAPEX)使用昂贵的计算资源的能力。这消除了前期对大量资本的需求，并扩大了 as-a-service 模式的发展。

　　本书开头用了大量篇幅来调整战略、经济因素和技术的组合，因为云需要新的技能集、思维流程和设计方法。成功的架构必须同时满足战略、经济因素和技术需求。技术上完美的设计，如果太贵，就是糟糕的设计。即便在经济上可行、在技术上完美的设计，如果没有正确的解决方法，也等同于糟糕的设计。三者必须同时得到满足，才是成功的设计。正因为如此，云架构师需要一种新的思维流程：反思的流程，从而系统地利用有区别的属性和特征(而不是服务名称和已销售的功能)进行分层导航。云架构师需要更新技能集，需要掌握经济学知识和风险战略，还需要提高技术实力。成功的云架构师必须更像首席财务官而不是技术天才。成功的云架构师需要知道，如果按建议进行了更改，业务将面临的相关风险。对企业的经济效益、短期和长期业务有何影响？这些变化会对业务或部门产生何种影响？人员会受到影响吗？公司结构需要改变吗？如你所见，对于云架构师来说，只有技术信息已经不够了。云架构师在谈战略时就像在谈技术时一样自如。企业财务、经济知识培训与技术培训同等重要，前者甚至更重要。

　　因为云是一种经济创新，而不是技术创新，我们很快就会看到，稍后技术信息将会处于这个思想流程的末尾。在许多情况下，技术信息并不是刚需，但会成为决定胜负的因素。如果从一套好的不容置疑的方案开始，并研究基本思想及经济影响，那么很快就能看出哪些符合战略，而哪些不符合。如果有太多的解决方案，可以更改需求、优化战略、重新审视经济需求，等等。没有人会说不需要技术信息或技术信息是没有价值的。理念是利用技术细节进行微调、优化和完善。这就好比使用由现代机器人驱动、激光引导的手术刀，而不是中世纪的大刀。

　　云架构师的思维流程如图 3.1 所示。

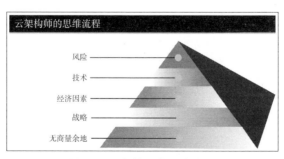

图 3.1　云架构师的思维流程

每个建筑工程都需要坚实的基础。云设计也不例外。在中途改变方向是昂贵且困难的。想象一栋高层建筑。刚建了 20 层，就发现地基存在致命的缺陷，需要拆掉整个工程重新开始，这会很困难。在云设计中，有几个元素为成功的设计奠定了基础。许多现代设计师从基础开始，比如存储、计算或网络。他们逐渐在技术道路上越走越远，从不知道自己是否走错了方向，除非他们被其他了解战略或项目预算的人告知。这种新的云架构思想流程从一些基本的事情开始，这些事情是不容置疑的。不容置疑的约束包括法律需求、地理位置、特定于部门和行业的需求、项目目标、战略元素等。这些限制构成了构建其他一切的基础。如果这些因素中的任何一个可以更改，那么它们就不是真正的需求，并且肯定不能被标记为不容置疑的因素。一旦确定了一组确切的不容置疑的因素，我们就可以查看有助于定义整体成功因素的其他详细信息，包括基本要素，如业务驱动因素、战略、价值支撑、经济模型和企业/行业偏好。每个设计都遵循相同的思维流程，从不容置疑的约束开始，随着数据和洞察满足上一层目标和约束的要求，这些约束将向上贯穿每一层。

每种情况、方案、设计和组件都遵循相同的思维流程和问题：

- 什么是不容置疑的约束，它们具有什么样的特征？
- 经济属性及其影响是什么？
- 它们如何影响战略？
- 什么是有鉴别力的技术属性，它们具有什么样的特征？
- 是否存在异常或过度的风险，它们是否影响经济效益？

3.3　设计基础——计划

建筑师和设计师的任务是制订计划。要先有一套计划，才能去建造建筑物。通过测量周边边界、创建站点计划等，就能罗列出这栋建筑物的尺寸。架构师或设计人员可以确定建造的范围和规模，他们必须保持在这些范围内进行建造。任何超出这些界限的东西都是不可接受的，并会被标记为糟糕的设计。

云架构和设计的运维方式大致相同。我们必须建立一套内部工作的界限。必须确定什么是可以接受的，什么是不能接受的。所有的问题都必须使我们清楚地认识到导致成功的因素和导致失败的原因。这就像盖房子一样，如果把车停在一个能停放五辆车的车库里，但没有厨房，那将是糟糕的设计。云计算也是如此。如果没有考虑正确的需求，设计就会失败。因此，问题变成：如何确定正确的需求？

我们必须通过渐进式提问来发现正确的需求。我们必须从有助于确定需求的问题开始。我们必须确定什么是不容置疑的。什么是基础？什么是底线？有什么东西，不管发生什么变化，答案总是一样的？它们不会因为更好的价格或其他什么因为最新的杂志文章而突然变得更有趣的东西而改变。基础要素是不容置疑的，它们基于我们现在知道的和现有的数据。在我们开始规划这栋建筑之前，我们已经划定了财产的边界。我们知道我们的极限在哪里。

不容置疑的内容必须包括经济因素、战略和技术要素的组合。所有成功的设计都必须具备这些要素。因此，它们也必须包含在设计基础中。要使基础正确，这些不可谈判的东西必须协调一致。为了使设计继续进行，必须在这些限制和边界内达到平衡。

当导航到成功的设计时，需要考虑许多因素。成功的设计需要边界，需要理解什么是不可接受的。通过试图找到这些，我们就能专注于可行的东西，而不是从一开始就追求一些根本行不通的东西。这些都是既定的，不能改变，例如地理，地理位置是不容置疑的。服务会被部署在需要它们的地方。如果加州需要服务，它们不太可能被搬到新加坡，因为这样价格更优惠。不容置疑的事物可以随着每个解决方案和每个设计方案而进行更改。重点是揭示设计的基础是什么。找到那些绝对不能改变的事情，然后从那里开始。以下是一些在设计中比较常见的不容置疑的属性。

- **企业规模**：虽然企业规模可以对设计的某些因素产生积极的影响，但企业规模本身并不能决定设计。例如，采用云计算不需要最小的企业规模。企业规模可能影响一些设计因素，如规模、经济因素、风险、分布、服务组合等。所有这些因素都必须从战略、经济因素和技术的角度考虑。微软的一项研究表明，绝大多数规模的组织都使用**软件即服务(SaaS)**和托管的基础设施服务。SaaS 和托管的基础设施服务最常被用于员工少于 100 人的组织。较小的公司更可能使用**平台即服务(PaaS)**。

- **相关行业**：不同行业有不同的需求，合规程度不同，风险偏好也不同。政府和教育行业在 SaaS 的使用上处于领先地位，微软的一项研究显示，超过 60% 的组织报告他们积极使用 SaaS。虽然 IT 是所有行业垂直领域中普遍存在的水平层，但是安全需求对实施细节有很大的影响。一项云计算的采用研究强调了这一点，该研究记录了受监管行业和不受监管行业之间的差异。
  在受监管的行业中，保险公司更喜欢私有云，因为它们被认为比公有云更安全。尽管许多研究表明这个评估是错误的，但许多行业都存在这种误解。即便如此，行业联盟的社区云越来越受欢迎。虽然银行业也担心安全问题，但 2014 年银行业被迫从 OS/2 操作系统过渡到 Windows 7，这促使人们迅速采用更新、更先进的技术。随后迁移到 Windows 10 系统所带来的其他变化使得云计算成为管理和后台处理(如电子邮件、文件共享和笔记共享)的十分具有吸引力的选择。虽然政府部门确实存在以各种方式采用云计算的机会，但大多数用户对此存在误解。目前最大的机遇是使用公有云，但政府中的许多人仍担心安全问题。政府做出了许多努力，如**联邦风险授权与管理计划(Federal Risk Authorization and Management Program, FedRAMP)**等，并且在教育领域已经取得了很大的进展。

在不受监管的行业中，情况则大不相同。零售市场中大多通过 IaaS 或 PaaS 解决方案来实施云。安全性、可用性和供应商成熟度是零售商在决定将哪些功能部署为云服务时要考虑的所有方面。媒体公司都在利用云计算。今天，媒体受众可以通过各种渠道访问任何内容。这些新的机遇就是云服务供应商和应用程序开发人员正在探索一种基于云的方式来支持多屏娱乐的原因。人们正在采用云集成、自动化，并给物流、销售提供功能支持，在人力资源、产品开发、生命周期管理以及一些制造业务方面实现创新。

- **地理因素——我在哪里？我需要去哪里？** 云计算由物理数据中心组成，影响数据中心构建位置的五个主要因素是：
  - 建立数据中心大楼所需的物理空间。
  - 高容量网络连接的可用性。
  - 廉价的电力。
  - 适用的司法法律、政策和规章。
  - 云计算出口市场，如图 3.2 所示。

云计算出口市场	
云计算出口市场排行榜(截至2016年)	
1. 加拿大	11. 中国
2. 日本	12. 法国
3. 英国	13. 荷兰
4. 巴西	14. 意大利
5. 韩国	15. 瑞典
6. 德国	16. 新加坡
7. 瑞士	17. 西班牙
8. 印度	18. 南非
9. 墨西哥	19. 智利
10. 澳大利亚	20. 马来西亚

图 3.2　云计算出口市场

前三项由基于环境变量的物理约束控制，比如：

- 自然地理。
- 天气和自然灾害风险。
- 可再生能源(如水、地热或风能)的可用性，用于冷却和发电。
- 犯罪、恐怖主义和商业间谍活动加剧了人们对安全性的担忧。

在此之后，接近高容量的互联网连接是关键，因为数据中心的价值是由支持的用户数量衡量的。另一个重要的驱动因素是接近互联网主干——承载大部分流量的网络主干。数据中心需要消耗大量的能量来冷却服务器，因此拥有廉价能源的地区极具吸引力。与管辖区的法律、政策和法规相关的考虑事项将在后面介绍。

公有云服务正迅速成为企业中更重要的战略因素。IDC 指出，在 2018 年，公有云已占全球软件、服务器和存储支出增长的一半以上。通用电气(General Electric)就是一个例子，这家全球公司目前 90%以上的应用程序都在公有云中。更广泛的公有云应用也促进了 SaaS 的广泛使用，在 2018 年，SaaS 支出约占总公有云支出的 55%。

- **适用的法规和其他外部法规**：特定管辖区的法律、政策和法规可能对云供应商和云用户产生重大影响。许多法律和政策问题可能会影响公司使用云，包括：

  - 云供应商将保证对敏感数据和源代码的未经授权访问的安全性。
  - CSP 持有数据的机密性和隐私性，并期望云供应商、第三方和政府无法监控其活动。
  - 明确界定与运维问题有关的责任。
  - 保护知识产权。

- 拥有对使用基于云的服务创建或修改的数据的监管权、控制权和所有权。

  - 可替代性和可移植性，拥有能够轻松地将数据和资源从一个云服务迁移或传输到另一个云服务的能力。
  - 能够审核用户以验证是否符合法规要求。
  - 对法律管辖权有清晰的认识。
  - 组织应用云计算战略的方式各不相同，并将由组织的优先级驱动。最大的挑战之一将与用户安全和隐私相关联。由于许多数据中心位于美国，其中一些担忧将由《美国爱国者法案》《美国国土安全部法》和美国联邦政府用于发布信息的其他收集洞察工具引起。这些政策中最令人不安的一个方面是对 CSP 的限制。如果政府发出传票要求用户提供信息，CSP 将阻止向用户发出通知。其他可能影响云计算使用的政策问题包括美国健康保险可移植性和责任法案(Health Insurance Portability and Accountability Act，HIPAA)、Sarbanes-Oxley Act、Gramm-Leach-Bliley Act、Stored Communications Act、美国联邦公开法、美国联邦民事程序规则。

    为加强对所有欧盟公民的数据保护，欧盟委员会于 2016 年 4 月通过了 General Data Protection Regulation (GDPR)，生效日期为 2018 年 5 月 25 日，而遵守 GDPR 对所有规模的公司都是挑战。采用云计算，问题可能会更糟。研究表明，只有 1%的云供应商的数据实践符合 GDPR 的规定。事实上，只有 1.2%的云供应商向用户提供由客户管理的加密密钥，只有 2.9%的云供应商拥有足够强大的安全密码执行能力，并且只有 7.2%的云供应商拥有适当的 SAML 集成支持。

3.4 了解商业战略和目标

云计算解决方案的设计必须支持并推进组织的战略和目标，否则将被视为失败的设计。为确保一致性，云解决方案架构师必须向业务所有者介绍目标和战略，并就关键指标和目标值达成一致。以下是云计算的一些最受欢迎的目标。

- **敏捷性**：云计算提供了更强的敏捷性，因为云计算具有随需应变的自助服务功能和快速回弹特点。这些特性使企业能够快速创新，推出新产品和服务，进入新市场，并适应不断变化的环境。业务敏捷性还要求能够创建新的业务流程和更改现有的业务流程。云计算可以使开发资源按需可用，从而解决了通常与开发和测试相关的采购延迟问题。资源扩展性可以维护服务级别并降低成本。基于云的战略还可以帮助企业在无须培训的情况下获得需要的功能。

- **生产力**：云可以为协作工作提供更高效的环境。电子邮件、即时消息、语音通信、信息共享和开发、事件调度和会议等基于云的工具的使用是众所周知的。云还可以在业务生态系统中提供共享逻辑。

- **质量**：云可以提供更好的 IT 质量，因为使用情况这一信息能让企业了解云是如何运行的。当有了更深的理解后，就能实现有效的规划、公平的资源共享和提高资源效率。与没有实施云计算的系统相比，Web 门户的自动提供和资源配置特性大大提高了云服务消费者的管理能力。规模经济也使复制灾难恢复系统所需的成本和工作负载相对较小。服务器整合、资源优化、增加资产利用率和瘦客户端的使用提高了云计算的效率并减少了对环境的影响。

- **降低成本**：云计算通过提供有效的资源优化，几乎可以在用户之间立即移动处理器、内存、外存和网络容量，从而降低 IT 成本。通过将昂贵的客户端设备替换为只向应用服务器提供用户界面的廉价客户端设备，可以显著降低成本。社区云为企业社区共享公共资源的成本提供了更简便的途径。如果组织的目标是通过改进债务和自有资金的使用来最大化地使用金融资本，那么云计算提供的 OPEX 机会将成为该战略的直接支持。

- 通过将企业转型为云服务供应商来识别新的商机。企业如果在 IT 质量上做得很好，就很容易成为公共的 IaaS 或 PaaS 供应商，这将使它们能够进入庞大的全球市场。

- 通过将低风险的活动转移到随需应变的服务环境，可以改善运维风险/回报平衡。通过合作伙伴和风险分担来减轻风险，可以带来其他随需应变的商业机会。通过共享与运维或法律上的失误密切相关的业务流程操作，可以将高风险降低。这可能包括与可识别的软件应用程序、基础设施组件或指定的服务相关联的企业风险。应该在企业利益和这些企业风险间进行权衡，考虑低回报的商业活动是否可以实现商品化以获得竞争优势。通过云服务的按需交付特性，该战略方向可以识别提高市场份额、收入和利润，并改善成本管理的机会。

- 对业务产品的修改既可以是变革性的，也可以是破坏性的。利用现有产品和服务作为公用事业或商品来开发现有市场的机会可能是有利可图的。公司也许能够以自助服务的模式提供现有的服务，这种模式已经通过随需应变的特性进行了扩充和增强。通过按需应变的门户采购和交付的独特产品和服务也可能对现有产品造成破坏。如果是这种情况，则必须分析此处的成本效益交换。快速扩展和扩展提供的服务可以带来额外的价值。

- 通过使用 SaaS 减少对非差异化流程的投资可以显著提高组织的底线。这对以下领域特别有帮助：

  - 业务管理领域，包括技能管理、福利管理、薪酬规划和人力资本管理(Human Capital Management，HCM)。

  - 财务管理(Financial Management，FM)领域包括会计、财务和合规报告、房地产管理、Sarbanes-Oxley(SOX)、财务税收、巴塞尔协议 II、现金指令、企业绩效管理和风险管理。

  - 支持销售、商业智能(Business Intelligence，BI)、客户体验管理(Customer Experience Management，CEM)、业务分析、呼叫中心管理、活动管理、销售人员自动化(Sales Force Automation，SFA)和销售分析的客户关系管理(Customer Relationship Management，CRM)。

  - 供应链管理(Supply Chain Management，SCM)，特别是采购、供应商关系管理(Supplier Relationship Management，SRM)、库存管理、物流和进口合规流程。

  - 产品生命周期管理(PLM)、资源和能力以及劳动力。

  - 与 IT 架构设计、数据中心运维和软件开发相关联的 IT 服务。

- 企业总部的活动，如研究和开发(R&D)、沟通、战略、组合管理、法律和营销。

  - 通过考虑将哪些业务流程转移到 CSP，可以调整内部业务流程的范围和复杂性。这可能包括将特定的 IT 运维转移到随需应变的供应商，或将服务商品化以获得具有竞争力的低成本优势。应该考虑大型组织范围内的运维和较小的本地化活动。管理层还应制定具体决策，确定哪些特定业务流程需要保持在业务控制下取得竞争优势，以及是否可以通过减少所涉及步骤的数量或复杂程度来改进复杂的流程，做出特定的决策。

  - 云计算有着通过使用随需应变的个人生产力工具来改进协作和信息共享的历史。这也可以用来解决关于个人信息和个人创造的资产是否应该被归为公司的私有知识产权的争论。通过在共享平台上或商业生态系统服务环境中创建资产的知识产权问题，跨社区的协作可能会引发类似的问题。在处理私有信息时，标识和定义数据所有权的公司规则以及将公司信息与私有信息进行划分应该是战略流程的一部分。这通常会推动促进安全存储和访问控制服务的普适性决策。

➢ 在公共信息方面，公司和个人数据规则应禁止从公共场所存储和访问个人信息和公司信息。公开披露的信息必须在符合法律电子发现标准的水平上进行监控和管理。必须对个人信息和公司信息进行分类、分区和有效隔离，以便可以在公共场所存储和使用。业务流程的各组成部分如图 3.3 所示。

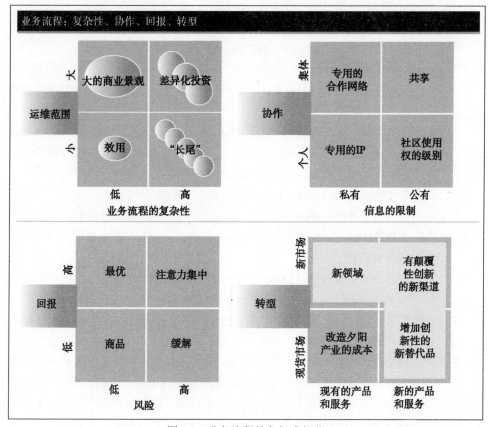

图 3.3　业务流程的各组成部分

架构师能否成功地克服采用云计算服务的两大障碍，将主要受到解决方案与相关业务驱动因素和战略的一致性的影响参见图 3.4。解决方案还必须尊重目标客户的价值主张。

图 3.4　克服采用云计算服务的两大障碍

最受广泛认可的采用云计算业务的原因有以下几点：

- 成本灵活性，可将固定成本转换为可变成本，并允许实施按需付费模型。
- 业务可伸缩性，提供灵活、经济而有效的计算能力。
- 市场适应性，这样可以加快产品上市速度并支持业务或任务实验。
- 隐藏的复杂性，有助于扩展产品和服务的复杂性，同时允许更大程度地简化终端用户。
- 上下文驱动的可变性，用于更好地定义用户体验，从而提高产品的相关性。
- 生态系统连通性，从而培育新的商业价值网，推动新的商业模型的产生。

这些业务驱动程序最常支持的业务战略如下：

- 优化可以强化客户价值主张的产品和服务，这将改进当前的行业价值链，并可以通过采用云逐步增强客户的价值主张，同时组织效率也得以提高。
- 市场创新旨在通过产业价值链的转型，延伸客户价值主张，提升客户价值。这种战略选择往往会带来全新的收入流和生态系统角色的改变。
- 市场颠覆的重点是创造新的客户价值主张，并通过产生新的客户需求和细分来创造新的产业价值链。

产业价值链的提升是通过构建新的产业价值链或剥离现有的产业价值链来实现的。采用云还可以帮助那些在现有产业价值链中难以保持地位的组织。这是通过提高效率和改进合作与协作的能力来实现的。变革性的组织目标可以通过开发新的运维能力、改变组织现有的行业角色或决定进入完全不同的市场或行业来实现。

如果组织的目标围绕着强化客户的价值主张，那么可以通过改进现有产品和服务以及提高客户体验来增加收入。云计算服务可以帮助组织探索或创建新的分销渠道与支付方式。这可以吸引现有和周边的客户群体。还可以创建新的市场需求，从而吸引新的客户群体并创造独特的收入机会。

各种经济的云通常可以推动创新的商业模式。这是通过建立模型来确保每一美元的费用获得一美元的收入来实现的。云计算经济的支付方式具有以下特点：

- 随需应变，在这种情况下，只需要承担组织实际使用的服务的费用。
- 预订，这表示组织有义务以折扣价购买预订数量的服务供应商资源。
- 现货市场，这是一种开放的市场拍卖模式，可通过改变对资源的需求来改变资源的成本。

3.5　本章小结

云计算需要持续而系统的以流程为导向的思维。云计算不是任何特定的技术，而是基于高度标准化和自动化的 IT 基础设施的运维、经济和商业模式，它的成功取决于是否在正式的边界内建立和运行云计算服务。这些边界必须由 IT 治理记录并强制执行。云计算解决方案的设计必须支持并推进组织的战略和目标，否则将是失败的。为了确保一致性，云解决方案架构师必须完全理解业务或任务目标和战略。更重要的是，架构师和业务/任务所有者必须在定义成功的关键指标和目标值上达成一致。

第 4 章

业务驱动因素、衡量指标和用例

从财务角度评估项目有很多种方法。与大多数 IT 项目一样，云计算解决方案很容易被人们拿来与投资回报率指标进行比较。然而，投资回报率通常不能说明全部情况。云可以拉动许多财务杠杆，也可以优化改进一些相关的(但不一定是直接的)投资回报率计算的输入效率。本章介绍在研究云计算解决方案对经济的影响时的一些注意事项。

4.1 投资回报率

投资回报率(Return On Investment，ROI)是在制定项目投资决策时最常用的衡量指标。它衡量的是回报率和投资成本。

因为 ROI 是一个百分比，所以在评估多个选项时很容易快速地进行比较。只有四种方法可以增加收入或降低成本，以提高投资回报率。以下是四个财务杠杆：

- 减少投资
- 增加收入
- 降低与活动相关的成本
- 减少获得收入所需的时间

云计算可以操作其中任何一个杠杆，但同时操作四个杠杆是不可能的。这些因素之间的关系不是绝对的数值，而是云投资回报率最重要的方面。例如，迁移到公有云的项目可能遇到以下类似情况：初始投资减少，运营成本可能增加，收入可能保持不变，但由于投资减少，利润率可能会增加，而由于总体投资减少，回报率可能会增加。在这种情况下，增加收入会加快回报速度，可以缩短实现收入目标所需的时间。

这些财务杠杆动态随着每个项目、服务模式和部署模型的变化而变化。私有部署具有完全不同的动态。由于收益和回报速度之间的关系，通过战略选择，投资回报率可以得到改善，也可以变得更糟。通过改进产品的特点和质量，可以增加收入，获得更高的市场价值。自动化可以帮助企业扩大规模，在控制成本的情况下提高收入。

云计算需要在方法上保持平衡。数据驱动的方法将有助于确定目标和预期结果，并确定管理风险的方法，还可以指导组织实现最优战略，并确定更好的选择。有许多数据点和基本驱动因素可以影响云投资回报率。许多数据点是通过衡量相关的生产力、速度、规模和质量而获取的。典型 ROI 的计算很简单：给定回报的成本。然而，云计算的 ROI 略有不同，因为还有其他因素，比如效率的提高、机会成本和投资模式。在评估云与传统 IT 战略时，还必须考虑额外的数据层，例如：

- 由于效率的提高，营业额和利润增加。
- 由于现有系统无法响应动态需求而造成的收入损失。
- 管理独立和非标准化环境的成本。
- 减少或避免与购买、开发和部署新系统或服务相关的资本成本。
- 根据需要，以成功为基础的增长和投资。
- 云计算的增量投资较小，而传统模型的投资较大。

驱动 ROI 的主要有以下因素：

- 生产力，这是通过基于实用程序的服务来实现的，这些服务提供满足实际客户使用的随需应变配置功能。生产力的提高可以避免基础设施投资机会成本，并通过更好的响应能力提高客户满意度。
- 资源利用率，通过使用主动管理来调整在非高峰时间未充分利用的峰值负载，从而取代将服务器专用于特定功能或部门的做法。
- 基于使用情况来定价，用更高的供应商利用率换来更低的基础设施成本。SaaS 模式通过降低与所有权、用户数量、支持和维护成本相关的传统许可证成本来实现这一点，如图 4.1 所示。

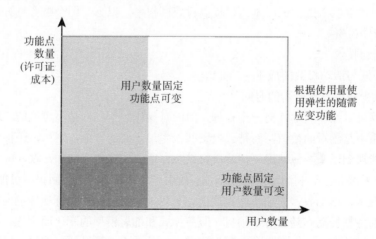

图 4.1　软件许可成本与用户数量有关

- 专业化和规模化使 CSP 能够通过技能专业化和规模经济来降低 IT 成本，并在更大的用户基础上摊销成本，如图 4.2 所示。

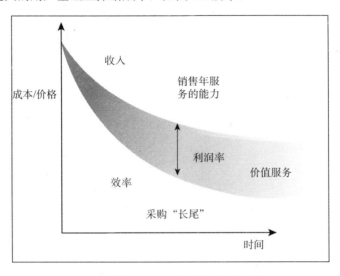

图 4.2　收入是根据成本和时间产生的

- 提高 IT 资源配置的速度，这使企业能够更快地获得所需的资源。这个因素还增强了对资源配置的可见性，从而可以在有许多可用的选项时加快做选择的速度，大大缩短部署新产品和服务的时间。弹性配置为企业扩展 IT 以实现业务扩展创造了一种新方式。快速执行可以节省时间并实现新的商业模式，如图 4.3 所示。

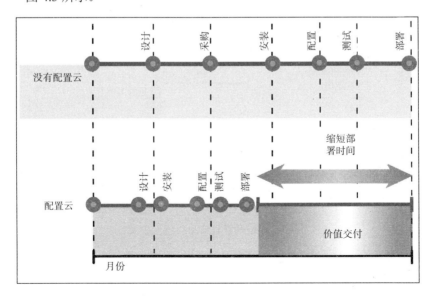

图 4.3　传统的 IT 部署与采用云计算的 IT 部署

- 通过提高执行速度更快地执行生命周期成本模型。该因素通过降低产品或服务的成本,降低购买资产的折旧成本,提高了效率,从而对生命周期成本模型产生积极影响。这种更高的成本降低率意味着利润率增长得更快,回报时间更短,投资回报率更高,如图 4.4 所示。

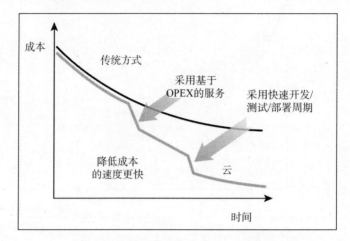

图 4.4　与云计算相比,传统的成本降低率

- IT 资产管理流程加快了降低解耦 IT 选择的风险及其对长期运维 IT 服务成本的影响。该因素还允许从确定的设计配置中选择硬件、软件和服务,以在生产环境中运行。这样可以缩短设计时/运行时间,同时优化服务性能,如图 4.5 所示。

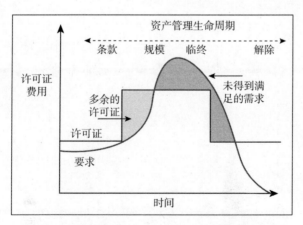

图 4.5　传统的软件许可投资回报图

云计算是一种经济上的创新,而非一项技术。基础设施正在老化,需要大量资金才能实现现代化。我们该如何优化整个资产组合的支出与回报之比?与过去相同的传统部署将导致回归传统。现代化需要改变模式和经济因素。云使企业能够更改经济模

式，为整个 IT 产品组合实现更短、更划算的资产管理生命周期。设计可以利用当前的功能和组件，优化运行时性能。云服务还可以降低入门成本，缩短部署时间，加快产品上市速度，提高竞争力，并在更大的运维规模上产生更多业务和潜在客户。通过使用基于云的协作服务进行通信、信息交换和虚拟会议，可以快速高效地向客户提供附加的高价值服务。

云经济正在创造许多新的商业机会，这些在以前是不可能有的。机会通常与前面图 4.2 中所示的"长尾"相关联。图 4.2 显示，随着效率的提高，收入增长的机会和利润率随着时间的推移而增加。经济驱动下的创新提高了效率，降低了成本，作为副产品，还创造了额外的收入机会。收入机会可能与目前可进入的服务欠缺的市场有关。以前新的市场细分和部门在经济上被认为不合需要，然而现在在财务上是可行的。从风险的角度看，有些机会以前不受欢迎，但现在可能就不一样了，因为较低的成本和较高的利润率可以抵消感知的风险。

值得注意的是，我们在 IT 基础设施市场中也看到了同样的行为。计算资源的成本正在急剧下降，而管理传统部署的成本正在迅速上升。这也为基于云的生态系统创造了新的机遇。我们看到许多新的云服务供应商进入市场。收购活动也有所增加。由经济驱动的创新总是具有颠覆性。这些类型的转变为专家和相关企业创造了许多机会，使其成为新的服务供应商或收购者。

因为云的创新体现在经济上而非技术上，所以新的收入机会可以是基于人的，也可以是基于 IT 的。这个机会可能是一种新型的服务，也可能是具有新经济模式的现有服务。由于利润率提高、规模扩大以及现有运维范围扩大，现在可以进行再投资，因此收入机会可以提高现有服务的质量。云计算能够更好地利用资源和资产，提高效率，以更低的成本加速运维和交付。云计算正在颠覆性地影响买家和卖家。

随着可用服务、服务组合和定价模型的不断变化，必须考虑服务的质量。对单个服务器与单个服务的性能进行比较，会产生一些令人惊讶的数据。供应商选择了两个地点，还选择了相同的实例类型和服务器配置，在多个位置提供相同的云服务。唯一的区别是地点。每个服务器都使用相同的 CPU 和内存测试进行基准测试。测试报告显示，在由同一个供应商提供服务且唯一的差异是位置的情况下，性能差异为 700%。当在多个供应商之间运行基准测试时，使用相同大小的服务器和相同的配置，性能差异很大，对于相同的配置，价格差异超过 3200%。区别是什么？为什么会有这么大的偏差呢？不是所有的云都一样吗？云就是云，对吗？并不完全是。

基本投资回报率的计算非常简单：成本与预期回报之比。当我们研究采用云的其他好处时，会想到以下几点：

- 云是一种经济上的创新。
- 云计算的每一个好处都会对经济产生影响。

- 下一代设计师、架构师和 IT 领导者需要融合的基础，包括业务和战略原则、一般经济学和技术，以及理解业务风险和经济减缓。

为什么相同的服务器在相同的配置上性能可以相差 700%，价格相差 3200%？在计算云投资回报率时，必须考虑其他层和收益。有许多衡量指标需要考虑(并不是所有的都需要)，例如**服务级别协议(SLA)**。SLA 是一种尝试用数字表示服务质量的简化方法。数字越高，如 99.999 就比 99.90 高，服务质量也就越高。服务质量到底意味着什么？本书将对这一主题进行更多的探讨。服务是冗余的吗？它有多大的弹性？是通过临近车库里不知名的廉价白盒机器运送的，还是在牢不可破的堡垒里用最新、最强大的高性能品牌硬件运送的？该如何提供支持？补丁和安全性如何更新？是经强化的操作系统吗？是否支持 24×7 小时运作？支持工程的团队是什么样的质量和水平？许多因素都可能导致定价差异，包括利润率。

云计算的差异不只在于提供公共的计算服务，还在于提供更高级别的服务来增强和构建客户价值。这些属性是以技术为中心的服务在向以商业价值为中心的服务快速发展的原因。这种转变几乎扩展到每个服务和行业，一端是公共事业基础设施服务，市场上几乎每个供应商都提供以功能和应用程序业务为中心的完整服务。

4.2 投资回报率指标

在为云计算解决方案设计和构建业务用例时，以下指标可以帮助将预期的解决方案与业务或任务的需求结合起来。

- **时间**：云计算解决方案通过减少配置资源所需的时间或考虑多源选项所需的时间来缩短交付或执行业务流程所需的时间，另外还可以减少达到与 IT 服务相关的特定目标所需的时间。时间指标还可以更快地降低 IT 的总拥有成本(TCO)。
- **成本**：云计算可以通过降低应用程序组合的总拥有成本来优化所有权的使用。这可以通过降低许可证成本、采用开源软件和重用 SOA 来实现。云还通过将 IT 的成本与使用情况挂钩来降低提供特定的 IT 服务能力相关的成本。通过现收现付模式可以节省支出，还可以更有效地管理资本性支出与运营成本的利用率差额。
- **质量**：云可以通过定制和增强用户的相关性来提高服务和产品质量，还可以通过减少碳足迹和推进组织的绿色可持续目标来减少对生态的破坏。
- **优化利润率**：减少与交付/执行业务和供应链成本相关的指标，从而提高产品/服务利润率。供应商和支线业务之间不断增长的灵活性和选择权也有助于提高利润率。

4.3　关键性能指标

关键绩效指标(Key Performance Indicator，KPI)用于衡量目标的实现情况。就下列云计算关键性能指标的相关性事先达成协议，可以帮助解决方案/业务保持连贯性。

- 时间
  - **可用性与恢复 SLA**：与当前级别相比的可用性性能指标。
  - **及时性**：服务响应程度，可用来表示选择服务的快速性。
  - **吞吐量**：事务延迟或每单位时间的吞吐量，用于衡量工作负载效率。
  - **周期性**：需求和供应活动的频率或振幅。
  - **时频**：事件发生频率，以实时行动和取得结果为准。
- 成本
  - **工作负载的可预测成本**：与云计算相比，本地部署所有权的 CAPEX 成本。
  - **工作负载的可变成本**：与云计算相比，内部部署所有权的 OPEX 成本。
  - **CAPEX 与 OPEX 成本**：本地物理资产与云计算的总拥有成本的对比。
  - **服务器整合率**：传统基础设施与云基础设施中使用的服务器数量之比。
  - **工作负载与利用率**：划算的云的工作负载和利用率。
- 工作负载类型分配
  - **工作负载大小与内存/处理器分布**：使用云计算衡量 IT 资产工作负载的百分比。
  - **实例对资产比率**：衡量 IT 整合的百分比和成本。
  - **复杂度降低程度(%)**：衡量客户操作系统实例的数量与物理资源资产的数量。
  - **租赁与实现率**：衡量每个资源的租赁率，用于衡量 CPU 和内存利用率。
  - **生态系统(供应链)的可选性**：跟踪功能迁移到 CSP 后用于提供公司服务的商品资产的使用情况。
- 质量
  - 体验——用户感知到的服务体验的质量。
  - 基本服务质量指标(可用性、可靠性、可恢复性、响应性、吞吐量、可管理性、安全性)。
  - 用户满意度。
  - 客户保留率。
  - 收入效率。
- 单位收入利润率
  - 年金收入增长率。
  - SLA 响应错误率。

> ➢ 缺陷响应频率。
>
> ➢ 智能自动化——自动化响应级别。
>
> ● 保证金
>
> ➢ 收入效率——每笔收入产生利润增长的能力。
>
> ➢ 年金提高率。
>
> ➢ 市场扰乱率——收入增长率与新产品客户获取率之比。

4.3.1 业务目标 KPI

应考虑的业务目标 KPI 包括:

- 降低成本的速度。
- 采用/取消采用的成本。
- 优化使用所有权。
- 快速配置。
- 增加利润。
- 动态使用。
- 弹性配置和服务管理。
- 风险与合规性改进。

4.3.2 经济目标指标

同样,可衡量的经济目标指标包括:

- 避免资本性支出。
- 作为公用事业单位计费的消费。
- 降低市场准入门槛。
- 共享基础设施成本。
- 降低管理开销。
- 立即访问应用程序。
- 立即终止选项。
- 可执行的 SLA。
- 高收益成本比。

还有一些性能指标和性价比指标,可以在供应商、服务和战略之间提供非常清晰的比较。当解决方案与组织的目标和预期结果一致时,使用这些下一层的衡量指标可以快速推进关于投资回报率的讨论。这种透明的数据还有助于建立共识,消除成员协作因素,并促进企业内部文化的采用。

4.4　一般用例

可以参考云计算解决方案架构师用于确定企业最佳解决方案目标的基准用例集，网址为 https://www.scribd.com/document/17929394/Cloud-Computing-Use-Cases-Whiteppaper (Saved copy)。

这些都是典型的云用例，但并不是十分详尽。活动用例组件以彩色显示。

 关于运维要求的其他细节详见第 11 章。

4.5　本章小结

当组织决定投资时，投资回报率是一个关键的主题。投资云计算解决方案也不例外。架构师必须明确所提出的解决方案如何实现价值，并且必须在业务或任务条款中描述该价值。本章概述的衡量指标在许多行业都得到了有效应用。必须尽早确定关键的业务驱动因素，并明确它们与解决方案和功能的直接联系。一般用例对于概述"生活中的一天"这样的场景非常有用，相应地，当与业务或任务所有者沟通解决方案的价值时，也可以有效地利用这些用例。

第 *5* 章
构建行政决策

云正在改变一切。云服务市场每天都在发生变化。解决方案、服务、定价模型、消费模型和地点的变化都会带来不同的战略、技术选择、经济影响和风险状况。

今天，消费者以 RFI、RFP、RFQ 或其他类型的需求文档的形式来表达他们需要的解决方案和解决方案组件，例如通过电子邮件发送电子表格。消费者根据混合的数据来源，包括业务需求、当前状态信息以及部分参与的 IT 引领者阅读的有关创新的最新文章等，来表达他们所需要的内容。需求被发送给一个或多个供应商，期望供应商回复请求的内容。如果供应商在这个流程中洞察到消费者的需求，供应商在回应时将确定价格。在这个流程中，双方可能会打几次电话或者进行其他形式的交流，使供应商能够做出尽可能准确的回应。

目前的流程非常像在做交易：我想要一件蓝色衬衫，或者我想要一件法式袖口的、蓝色扣领礼服衬衫；请向我展示你有的蓝色衬衫，并告知它们的价格。这个流程的模式是手动的，非常缓慢，因为充满了走走停停的工作流程和沟通模式，并且还是串行的，这意味着完成一个步骤后，才能开始下一个步骤。此外，用于沟通和共享数据的工具也是手动的、割裂的、缓慢的。

如今的流程看起来如图 5.1 所示。这是站在供应商角度的视图，描绘了他们准备回应的流程。参与流程的每个人(消费者、供应商、集成商、顾问和渠道合作伙伴)几乎都遵循相同的参与模式。

云正在完全颠覆这种参与方式，因此这种方式不再奏效。市场变化太快。几乎每天都会发布、更新、更改或停用产品和服务。消费者如何准确地建立解决方案并传递给供应商以获得回复？这是不可能做到的。供应商都很难了解自己最新的产品目录，消费者更无法跟上供应商提供的数千种可用的产品和服务。两三个供应商不再是具有代表性的样本集，因而乘以市场上成千上万的潜在供应商，再将这些数字乘以全球数百个可用的位置，因此有数万亿种可供选择的潜在组合。消费型企业怎么可能利用现有的、慢速的、手动的、割裂的工具和流程来收集、规范化和比较数据，以及优化设计和挑选战略合作伙伴呢？

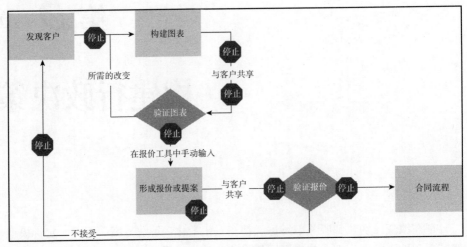

图 5.1　站在供应商角度的视图

需要做出什么改变？如上所述，需要完全颠倒该流程。这些工具需要变得自动化，协作需要实时进行。洞察需要成为一种要求，而不是成为造成无法预料的差异的地方。在进行设计时，我们需要考虑经济因素而不是定价要求，需要合力寻找能够使技术、战略、经济因素和风险保持一致的解决方案，而不是一味地设计技术方案。我们应该向供应商传达业务挑战和风险，而不是只告诉他们我们需要什么。我们的思维方式必须改变，并且开始将解决方案映射到业务挑战，将技术与任务相匹配。

随着思维方式、流程和方法的变化，高管可以加速组织的发展，激励团队，并加强对战略、经济因素和风险的控制。因此，采用富有洞察力的协作方式可以将之前的慢速、串行、走走停停的方法转换为高速、简化、并行的操作方法，如图 5.2 所示。

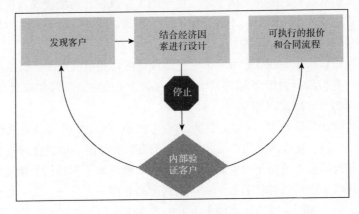

图 5.2　转换后的流程

5.1 颠倒流程，寻获洞察

如今，我们受一个不再与我们的行业匹配，也不再与行业方向一致的流程所束缚。如前所述，消费者表达他们认为自己需要的东西，限制供应商使用与请求匹配的服务进行响应。RFI 流程允许提供一些洞察，但仍然缺乏真正的协作，并且仍然是一问一答的形式。如果问题没有被提出来，或者问题问错了，那就错失了获得更深刻洞察的机会。

5.2 实时协作

对于这种变化程度和变化速度，在当前的市场中，做不到实时协作就将错失良机。现在已经不可能跟得上我们行业的变化。我们无法准确收集产品战略、经济因素和商业模式、消费模型、部署模型和定价的不断更改，使它们规范化，再针对一两个供应商进行比较，当然更无法针对目前可用的数百个供应商进行比较。

5.3 表达挑战而不是需求

云正在改变一切。我们可以购买一小部分只需要使用一小段时间的云资源，然后在使用完之后归还。时间的跨度可以是秒、小时、天、月或年。美妙之处在于，我们不能确定在什么时候需要什么资源，并直接匹配到特定的挑战或情况。现在，思维可以从把尽可能多的问题映射到已有的解决方案，转移到明确地表达挑战，从而仅在需要的时候获得所需的资源来应对挑战，在完成任务后归还资源，这样可以大幅减少成本。

表达挑战也能改善与那些想要帮助解决挑战的人的伙伴关系。供应商每天都在倾听和回应全球市场的需求，他们的困难在于解读需求并转换为挑战。供应商很少参与直接表达客户挑战的对话，因为正常的对话涉及要求，而不是以业务为中心的需求。消费者避免深入讨论挑战可能有很多原因：内部因素、自尊心、经验不足、计划不周、个人疏忽、政策因素和流程约束等。供应商已经认识到，富有洞察力、积极主动的协作是最成功的，能够获得最高的忠诚度和投入度。因此，我们可以通过表达挑战来获得洞察。

5.4 自动化和使能化

高管需要不断地平衡投资、回报和风险。今天，我们使用的许多工具和流程都是手动的、割裂的、缓慢的。面对快速变化的市场，高管们需要更快地获得更多数据和洞察。自动化、集成化和使能化成为当今云环境中成功的关键，应该以一种自动化的集成方式将战略、技术、经济因素和风险等集成到所有投资的平台、系统、工具以及流程中。如果不通过映射、匹配和比较来获得实时的认识，进而做出一致的决策，那么收集数据是没有什么价值的。

5.5　停止讨论技术——战略

许多人很早就开始讨论技术选择。最近可能针对某一技术组件或方向做过重要研究，并设立团队结构来支持此前在技术上所做的投入。在财务上，可能认为改变很困难，成本会很高。还可能有些人担心改变会影响自己在公司中的地位，角色可能发生变化，团队结构和成员的责任可能发生变化，而已经进入职业生涯后期的那些人也可能需要学习全然不同的新技术。

战略决定方向，而技术负责实现。技术可以影响战略，但不能支配战略。在云计算出现之前，会针对预期的高水位使用率设计和开发项目，即使使用率达到高水位的时间只有一分钟。预期的工作负载决定了基础设施的大小和规模，而云现在使我们能够针对低端基础工作负载设计和架构项目，并利用自动化和编写脚本，根据需要动态地扩展到基于需求的配置，从而降低成本，并将技术与战略相匹配。

5.6　经济，不是定价——经济因素

对于我们来说，重要的是将思想从计算构建技术方案的成本，转移到利用经济数据来设计解决方案。如今，我们要经历四五次设计流程，首先得到一个合理、正确的技术方案，然后把它按层分解，最后试图从理想化的技术退回到经济上可行的东西。

如果我们改变这种模式，一开始就从经济学的角度进行设计，我们几乎可以消除几乎所有的再循环工作，因为我们总是在当前的流程里先设计再重新设计。同样重要的是要记住，许多技术细节对实施细节的影响要大于对战略或经济的影响。如果没有实质性地影响战略或显著地改变经济因素，那么在确定解决方案战略和经济方向之后，继续讨论实施。因为还没有完成传统流程的四五次循环，所以如果在讨论中出现搅局者，那么仍然有足够的资金和时间根据需要改变方向，如图5.3所示。

完美的技术解决方案有时是负担不起的，或者与战略不匹配。低成本的解决方案可能与技术要求不平衡，或者会引入太多风险。而成功的解决方案设计必须平衡所有因素。

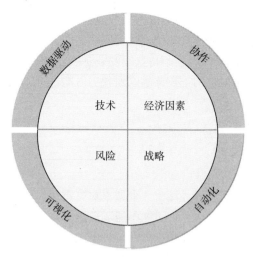

图 5.3　可以根据需要改变方向

5.7　解决方案，而不是服务器——技术

技术无须再做经济因素和战略对话中的推动因素。由于云计算在经济上的创新，技术现在能够更好地与战略、经济因素和风险需求保持一致。企业现在可以在考虑到技术和经济因素的情况下决定战略和选择的方向。例如，具有周期性需求的业务(并非总是需要所有东西)可以根据需要利用服务和即时的基础设施部署来满足周期性需求。前期只需要很少的投资，就可以通过编程实现伸缩自如。

成功的解决方案将根据需要使用服务。这些服务可以由内部提供，也可以由外部使用。战略和经济因素将决定最佳的前进道路。几乎在所有的情况下，将解决方案作为服务来消费是所有决策指标和记分卡的最佳选择。

5.8　成本较低可能对业务不利——风险

高管们往往需要平衡效益和风险。承担的风险越大，成本就越低。风险和成本似乎成反比关系。云计算是改变这种惯例的机会。转变来自视角的改变。由于云计算是一种经济上的创新，因此定价模式大多建立在规模经济的基础上。整个团队的管理员、安全专家、技术人员和工程师可以作为服务器的一部分而获得，服务器的价格为每分钟几美分。由于具有专业性、知识渊博、全天候运营、自动化且采用了最佳实践，有人可能会说，风险比使用过度工作且薪酬过低的内部 IT 专家低得多。这些内部 IT 专家实际上没有接受过网络安全方面的培训，而且厌倦于在下班后接电话。

前面还提到过这样一种情况：相同配置的服务器，从低成本到高成本，不同的供应商的价格差异为 3200%。这也是成本从低到高的每个供应商都为价格提供不同级别的服务质量、自动化、支持、安全性、补丁、管理和监控等服务的保证。云的成本似乎较低，但并不意味着对于独特情况和业务挑战来说，云是最好的。云只是工具箱中的工具。正如钉钉子时不应使用螺丝刀。仅当用途正确时，云才是正确的选择。

5.9　采用是可选的

改变是很难的，然而有时候接受改变似乎更是不可能的。有了坚定的承诺，云就会变得更好，而不是半途而废。你可能不能以自己的方式采用云服务。云计算是一种战略性变革，具有非常强大的经济杠杆。云可以在很多方面改变企业。可以按照自己的节奏开始采用云，没必要一下子动用所有的东西。混合战略是开始云计算之旅最安全、最易控制和最经济有效的方法之一。云计算之旅既不是短跑，也不是马拉松。基于实时数据、分析、方案规划、模型、规范化数据和并行比较等，应该清楚云服务对于给定的情况是否有意义。从有意义的最小范围着手，然后从那里开始。

云的变化会产生涟漪效应。它们也会产生极化效应。在正确的时间以正确的消息方式收集、处理和有效地传达正确的数据至关重要。数据有助于改变人们的思维方式，提高人们的接受度，并最终消除任何挑战。

人们习惯于流程、结构、角色和职责等一切已经熟悉的事物。改变心态的一个重要方面是帮助他人理解其中的好处，并相信有必要做出改变。当缺乏技能时，改变是困难的。当不知道改变的原因或被误解时，改变也是困难的。改变人们已经使用了一段时间的流程会令人不适。重组团队或将责任转移给他人也很困难。因此，在正确的时间，在正确的消息中传递正确的数据至关重要。变更管理是云成功的一个重要因素。坚持不懈地专注于沟通改变、再培训、重新聚焦和分清轻重缓急是任何成功的企业文化和心态变化的核心。如果企业文化没有被接纳，那么每个云计划都会失败。

更新技能是成功的另一个关键因素。市场发展很快。技术日新月异。大多数团队成员可能每年只上一堂课，如果幸运的话，可能会上两堂。大多数人不得不靠自己来保持相关性。由于技术技能落后，当云服务开始站稳脚跟时，将会非常困难。云要结合经济因素、战略和风险。大多数技术团队成员很少接受培训，坦白地说，他们缺乏耐心来处理战略、风险谈话、财务分析和衡量指标。

下一代架构师需要结合商业、金融和技术技能。下一代高价值的设计师和架构师需要更像财务总监那样思考，而不是像技术管理员那样思考。

5.10 面向高管的技术

架构云计算解决方案还要求高管在评估和实施云计算解决方案时熟悉一些模型。在讨论技术选择和风险概况的同时,还将讨论战略和经济因素,因此熟悉这些不同的概念非常重要。云服务模式(IaaS、PaaS 和 SaaS)规定了为范围或项目使用和实施的任何云服务的方向。

5.10.1 面向高管的云服务模式

云服务模式的选择由消费组织的员工技能集驱动。例如,系统管理员管理基础设施。如果选择的云服务模式是 IaaS,那么企业将需要维护和增长系统管理员的知识和能力。由于将基础设施作为服务使用,系统管理员可以重新关注新的长期有利于企业的职业发展机会,例如学习配置基础设施的脚本技能与语言。图 5.4 概述了软件、平台和基础设施的一些关键因素。

软件	平台	基础设施
·全面降低所有成本	·支持多种语言和框架	·规模
·应用程序和软件授权	·多个托管环境	·聚合网络和IT容量池
·降低支持成本	·灵活性	·自助服务和随需应变能力
·后端系统和功能	·允许选择并减少"锁定"	·高可靠性和弹性
	·自动调整规模的能力	

图 5.4 软件、平台和基础设施的一些关键因素

大型软件开发公司可能选择使用 PaaS 云服务模式。其中包含所有组件、框架、驱动程序、部件,使开发人员能够立即高效工作。有许多不同类型的平台可以构建许多不同的东西。软件开发不是使用 PaaS 的唯一选择或唯一行业,但却是最普遍的。例如,内部开发人员需要适应所选择的平台。如果 Java 是他们的强项,那么 Microsoft Azure PaaS 服务在上手新的 Java 功能方面可能会比较慢。根据所选平台,团队可能需要持续进行额外的培训。如果平台与当前的技能设置不匹配,或者缺乏所选战略的能力,那么额外的投资可能会超过收益。

有些机会不需要单独的基础设施。软件是预先构建的,所有特性和功能已经包括收费。许可证是针对某个单位使用的,通常针对企业或用户。SaaS 模型的部署较迅速,采用率很高。SaaS 并不能解决所有问题,但是当解决方案可用时,SaaS 非常有用。

5.10.2　高管的部署模型

一旦组织选择了云服务模式和相关的衡量指标，并确定了目标值，架构师就必须为部署和实施风格确定适当的建议。每种云服务模式可能有多个部署和实施模型。例如，IaaS 是一种云服务模式。在这种云服务模式中，基础设施以多种形式部署，包括私有、公有、专用或共享部署。公有云基础设施服务的部署可以跨许多不同的配置选项以及不同的消费和经济模型。

组织风险容忍度会推动云部署模型的选择。风险包括运维、经济、技术和安全性等多个领域。每个部署模型都要考虑到运维风险。私有部署因为由使用者拥有和管理，所以被认为风险较小。无论对错，相较他人，人类往往更相信自己。虽然这种想法已经多次被证明是无效的，但这种态度仍然存在。

在选择部署选项时，更新和修补基础设施是网络安全的一个关键部分。当供应商管理基础设施时，将主动推出更新。由于许多原因，内部高管可能选择不安装补丁或安全更新。部署模型的选择可能需要根据期望的结果进行更改。

当在内部管理软件和系统时，升级可能会花费更长的时间，但这确实让所有者/管理者有了选择更新的方式和时间以及实施升级的控制权。其他的运维风险可能包括由于无法访问互联网而无法访问云服务。随着云部署的增长(通常比传统部署更快)，它们往往会蔓延开来，随着使用的服务数量的增长，具有控制权变得更具挑战性。如果没有进行正确的监控和管理，这将带来到期支付云时的价位震撼。

在 IaaS 解决方案中，云服务供应商对部署服务的技术选择做出所有决策，包括服务器类型、外存品牌和 CPU 制造商。这些选择是从终端用户抽象出来的，对技术兼容性的可见性很有限。在某些情况下，与技术选择的分离可能会导致可移植性和互操作性风险。数据安全性可能存在一些问题。这些担忧中的大多数都可以通过良好的设计和出于安全意识的提问迅速得到解决。将信息放入可通过公共互联网访问的服务意味着犯罪分子有了潜在的目标。安全性是一场永无休止的战斗，威胁来自外部、内部，有时甚至来自最意想不到的地方。请记住 TJX 和 HVAC 这两个入口点。

5.10.3　高管的实施模型和 IT 治理

实施模型在很大程度上由 IT 治理决定。除了私有部署模型外，所有云服务的治理都不在消费组织的范围之内。因此，云服务可能会带来一定程度的法律、安全性、监管和管辖风险。意识到可能存在一些相关风险，云服务可以提高 IT 标准的应用和执行水平。根据所满足的合规标准，可能需要基础设施、培训和时间方面的额外投资承诺。如果未能获得初始的合规性并维持所需的承诺水平，即使最好的云计算解决方案也会失败。

一旦确定高管的决策并确认投资承诺，云计算采用战略就可以向前推进。最广泛采用的云计算战略如下：

- 建立竞争优势，通常以重塑客户关系的组织战略为目标，快速创新产品和服务，建立新的或优化的商业模式。
- 建立更好的决策战略载体，广泛利用分析以从大数据中获取洞察。这还需要跨应用程序无缝共享数据，以及利用数据驱动和基于证据的决策。
- 进行深度协作，旨在使跨业务生态系统更容易定位和使用专家知识。这种战略需要集成开发和运维，以及跨组织和扩展生态系统进行协作。

可用于支持这些采用战略的商业模式变更战略如下：

- 通过客户自助服务模式满足更多任务/业务需求。
- 从单一/有限的 IT 供应商转变为多个 IT 供应商生态系统。
- 改变设计/构建/维护并识别/适应/采用从 80/20 到 20/80 的技术组合。
- 从劳动力驱动的硬件/软件集成过渡到价值驱动的 IT 服务管理。
- 从专用单租户过渡到共享服务多租户。
- 从提供支持的成本中心过渡到提供实际价值的商业中心。

5.11　本章小结

所需的投资水平和组织的影响力使企业高管需要最终决策云部署的方方面面。作为一名关键的团队成员，云解决方案架构师必须始终理解任何相关高管的观点，并对这些观点进行管理。对于这些任务需要进行双向沟通，以有效地传达困难的概念和新的业务、运维和经济模型。在几乎所有情况下，云解决方案架构师都倾向于扮演首席管理官的角色。

第 **6** 章

迁移的架构

云迁移没有特定的模式、形状或规模。云迁移需要尽可能新且准确的数据。它们需要明确的重点、准备、环境控制和态势感知。如果云迁移没有明确的重点，没有详细的准备，没有仔细的计划，那么在迁移开始之前就会失败。

在本章中，将重点介绍以下主题：

- 用户特征
- 应用程序的工作负载
- 使用应用程序编程接口(Application Programming Interface，API)

6.1 用户特征

云就像孩子。他们有独特的个性、怪癖、优缺点。没有两个云是一样的。就像孩子、一些兄弟姐妹一样，他们的行为不同，似乎遵循不同的规则，甚至在糟糕的时候行为不端。

云计算解决方案是特定于每个供应商的。成功的迁移需要尽职尽责并全面了解云供应商。云迁移要求消费者了解供应商，而供应商不需要深入了解消费者。传统的 IT 收购流程从消费者提供所有细节和要求以让供应商检查开始。然后，供应商提议对满足上述需求的设计进行响应。现在，云计算解决方案的采购周期扭转了这种想法。首先，供应商必须有效地传达他们的能力、特征属性和支持服务，以供消费者考虑。这种完全逆转的过程和方法是与云迁移相关的企业文化挑战的核心。战略、经济因素和技术选择现在完全掌握在消费者手中。以前，供应商几乎负责对所有的解决方案进行调查、提出建议、控制解决方案的经济性，并且几乎在所有情况下都保守地过度设计解决方案，因为在需要的时候，产能过剩总比不足要好。

现在，检查几个特征和属性是消费者的责任。这些深度调查往往需要跨越多个组织和部门进行内部合作，而且往往还不受欢迎。供应商也在实时地进行调整，因为他们现在需要共享关于如何设计、构建、支持和维护解决方案的更深层次的细节。可能需要进一步调查的一些细节可能包括：

- 应用程序的特征。
- 应用程序依赖关系。
- API 要求。
- 技术服务消费要求。
- 消费组织支持 IT 自动化的能力。
- 消费组织对可伸缩设计技术的使用。
- 消费组织的数据安全性和控制要求。
- 消费组织的转型准备。

云架构首先要理解终端用户。云供应商使用目标利用率和使用模式来指导设计基础设施。只有当消费者的运维模式符合供应商的目标时，消费者才能从供应商的服务中获得价值。

规模经济是 CSP 创造利润的方式。为此，资源池用于跨多个租户共享资源。物理资源和虚拟资源都是根据用户需求动态配置和取消配置的。资源池还提供了位置的多样性。对于 SaaS，用户无法控制或了解硬件位置。在某些情况下，消费者可以指定一般的位置，如国家或地区。

云计算经济学通常使用虚拟化来自动配置 IT 资源。这常常导致一种假设——虚拟化定义了云计算。事实上，云计算经济取决于**客户人口指标**，比如**唯一客户集的数量**(n)、**客户集的占空比**(λ, f)、**占空比相对位移**(t)和**客户集负载**，如图 6.1 所示。

这些指标设置了满足指定的最大需求水平所需的最低物理 IT 资源需求。图 6.1 中的三种方案显示了不同的客户集，每种方案都要求一个单元的最大负载，并且消费者需求的占空比相似，但每种方案中的占空比位移值不同。这一微小差异可转换为显著的运维差异。

- **方案 A** 和**方案 B** 中的最大需求比**方案 C** 中的最大需求多 30%。
- **方案 B** 的最小需求为零。
- **方案 C** 对迁移负载的需求比其他两个低 50%。
- 如果每个用户都拥有自己的资源，则需要三个单元。**方案 A** 和**方案 B** 需要相同数量的单元。另一方面，**方案 C** 最多只需要两个单元来满足相同的需求，从而节省 30% 的资源。

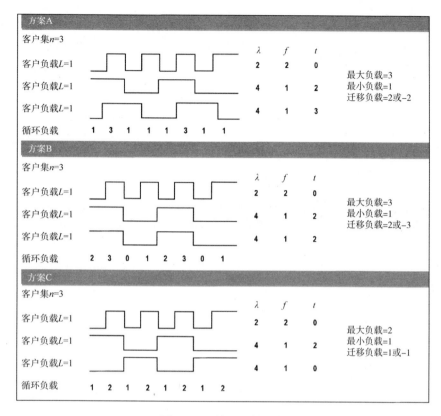

图 6.1　三种不同的方案

在利用云经济模型的过程中，CSP 必须不断地实时监控关键的用户指标，以支持底层的物理基础设施中的任何必要更改。这导致云计算服务体验特有的无限资源错觉，如图 6.2 所示。

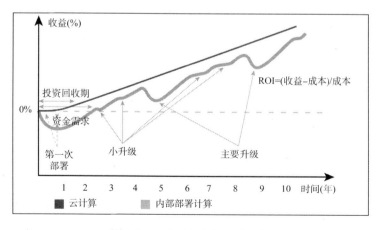

图 6.2　云计算与内部部署计算

了解和理解目标用户群的特征将有助于更好地设计解决方案。最合适的供应商是那些在关键的运维期和持续时间内提供最佳成本和效益的供应商。如果实施得当，云经济模型可以显著提高内部部署的投资回报。2009年，Booz Allen Hamilton咨询公司的一项研究表明，云计算战略可以节省部署1000台服务器50%～67%的生命周期成本。

该研究还显示，当云迁移包含更多的服务器或更快的迁移计划时，成本收益比(BCR)会增加，如图6.3所示。Deloitte的另一项研究显示，与传统的数据中心相比，部署云计算的投资回报更高，回收期更短。

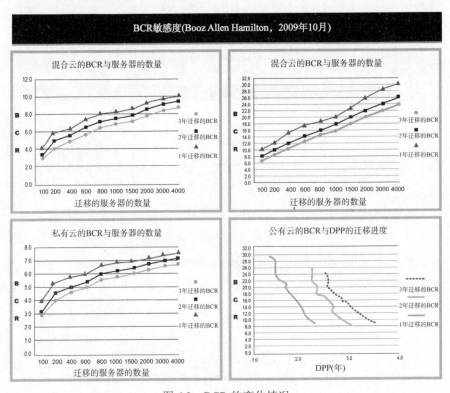

图 6.3　BCR 的变化情况

云解决方案架构师(可简称云架构师)应该尽量记录和验证以下用户群体特征：

- 每个应用程序或服务的预期并发用户数。
- 用户年增长率。
- 用户需求的可变性以及任何明显的时间周期(一天中的某一时刻、一周中的一天、一月中的一周、一年中的一月)。
- 基于用户地理位置的用户消费差异。
- 人口覆盖率和使用移动设备及移动应用程序的频率。

- 使用的移动设备的类型、模式和操作系统。
- 设备所有权的选择。
- 基于功能实体关联的用户特征的可变性，包括由独立的组织实体测量或跟踪的任何经济变量，或在整个用户基础上合并的任何经济变量。
- 由终端用户位置、终端用户设备、运维流程注意事项或使用周期驱动重要的业务连续性或灾难恢复问题。

6.2　应用程序设计

许多组织希望利用云计算来降低与维护遗留应用程序相关的运维成本。在这些情况下，云解决方案架构师面临应用程序的迁移任务，其中应用程序成熟度可能成为决定云环境是有益还是有害的决定性因素。应用特性也会对 CSP 的选择产生深远的影响。例如，许多遗留应用程序与数据、特定流程和其他相关应用程序紧密耦合。这使得它们很难迁移到基于商品的技术服务模式。嵌入式依赖项和不寻常的无证假设不容易适应严格标准化且难以定制的环境。

适合云计算的应用程序是松散耦合的，具有 RESTful 接口和模块化设计。这种设计方法使它们更适合基于云的现代基础设施。在为云部署新开发的应用程序时，也必须解决这种差异。传统上，开发人员一直在探索新的设计方法，而这些方法通常利用特定的、有针对性的技术或供应商的独特功能。这些新方法通常是公司市场差异化或客户价值主张的基础。然后，将定制或配置最终的基础设施作为最低要求或必须具备的条件呈现给基础设施支持系统的管理员。如果组织对部署负有实际责任，就将这些最低要求转换为特定的技术采购和技术配置。如果要将部署外包给托管服务供应商或系统集成商，那么采购人员会将这些要求转换为**提案请求(Request For Proposal，RFP)** 或**报价请求(Request For Quote，RFQ)**。最后，有竞争力的供应商遵循指定的要求设计并提供定价。在完成技术评估和成本效益分析之后，将签订合同并为交付选定的解决方案提供资金。

如果目标供应商是云服务供应商，则这种传统方法存在致命的缺陷。首先，云计算环境作为商品服务由云服务供应商设计和管理。这通常会否定由终端用户提出的大多数技术或配置要求，从而可以防止开发人员将大多数特定于供应商或技术的功能指定为最低需求或必备功能。其次，解决方案的设计是由 CSP 根据之前确定的技术决策和 CSP 资助的收购确定的。技术服务价格也由 CSP 根据目标市场动态决定，而不是根据任何特定客户的价格敏感度。简而言之，RFP 或 RFQ 要求对可用的 CSP 技术服务或技术服务价格几乎没有影响。

采购云服务从根本上代表着与采购传统 IT 服务实践截然相反的转变。这不仅会破坏对现有采购过程的监督和控制，还会带来意外的部署挑战、成本、应用程序设计更改和项目迁移失败。这种模式在整个 IT 行业中反复出现。根本原因是云解决方案架构师未能解决采购传统 IT 服务和采购云 IT 服务的流程间的差异。

6.3 应用程序迁移

筛选应用程序是确定特定的应用程序是否准备好迁移到云中的第一步。系统/应用程序所有者希望识别云迁移的准备情况和迁移可以提供的价值，这通常是通过采访过程来完成的。作为一次数据发现的练习，这个过程将有助于识别迁移的应用程序，同时确保对现有的 IT 和安全架构有充分的了解，这还有助于减少在执行迁移战略时可能发生的许多复杂情况。采访者应该利用一系列一致的评估测试问题来帮助对组织的应用程序组合进行分类。应该对答复进行分析，着重确定下列事项：

- 最合适的目标部署环境，从用户拥有和运维的数据中心的物理硬件到虚拟平台、私有云或公有云。
- 每个应用程序的 SPAR 优势(可伸缩性、性能、可访问性、可靠性)。
- 每个应用程序的准备情况(安全性、组织、架构弹性)。

这种分类工作还应该突出最具影响力的业务或任务驱动程序、关键的准备优势、关键的收益劣势和关键的准备劣势。

在确定应该移动到云中的应用程序之后，系统应该完成处理这些信息的数据分类(PII、分类信息等)。这应该通过输入相关中小企业和**治理、风险管理**和**合规性(Governace, Risk Management, and Compliance，GRC)**团队等信息来实现。这是需要理解的重要一步，因为 CSP 是在一个责任共享模型上运行的。CSP 将提供云的安全性，客户负责保护放在云中的信息。数据分类将有助于确定将在本地保留哪些信息以及将哪些信息移到云中，还有助于确保能够实现合规性要求。

应用程序投资组合数据应该跨所有相关的领域来编译。云服务模式(SaaS、PaaS 或 IaaS)和部署模型(公有云、社区云或混合云)的选择应该由组织目标和合规性要求驱动。重要的是要考虑数据将存储在何处、是否需要加密、信息在静止时如何加密、信息在运动时如何加密以及谁将管理加密。这类问题的答案将决定你的选择。筛选输出还应该提供数据，以便为长期应用战略决策提供信息。长期的选择通常包括退出、重构、重建、提升和转移。

6.4 应用程序的工作负载

应用程序的工作负载由用户特征决定，是云计算解决方案设计中的一个主要因素。云解决方案架构师能够利用云技术服务的自动配置和取消配置功能，提高应用程序的可伸缩性和成本效率。当采用提升和转移应用程序迁移战略时，基于工作负载变化的虚拟机的动态实例化和停用常常被忽略或延迟。设计解决方案时如果没考虑到应用程序工作负载的可变性，就可能会使云部署投资的任何正收益化为乌有。

6.4.1　静态的工作负载

静态的工作负载显示在特定边界内随着时间推移的资源利用率。具有静态工作负载的应用程序不太可能从使用按次付费模型的弹性云中获益，因为资源需求是恒定的。在实际部署中，周期性工作负载非常常见。这些例子包括每月的工资、每月的电话费、每年的汽车检查、每周的状况报告以及公共交通在交通高峰期的日常使用。任务以不同的模式出现，通过云在非高峰时间可以取消资源配置的能力，客户节约了成本。

6.4.2　千载难逢的工作负载

千载难逢的工作负载是周期性工作负载的一种特殊情况，其中周期性利用率的峰值在很长时间内只出现一次。这个峰值通常是预先知道的，因为它与单个事件或任务相关。云的弹性用于获取必要的 IT 资源。在这个用例中，IT 资源的供应和停用通常可以手动完成，因为这可以在已知的时间点完成。

6.4.3　不可预测和随机的工作负载

不可预测和随机的工作负载是周期性工作负载的概括，因为它们需要弹性，但不可预测，需要计划外配置和取消配置 IT 资源。IT 资源的必要供应和停用是自动化的，以便资源编号与不断变化的工作负载保持一致。许多应用程序都经历了工作负载的长期变化，可以描述为不断变化的工作负载。这通常被视为使用率持续不断地增长或下降。云的弹性使应用程序能够经历不断变化的工作负载，从而以与工作负载变化相同的速度供应或停用资源。

图 6.4 概述了解决方案用例(此处描述了应用程序的工作负载)以及前面讨论过的标准运维要求之间的交叉引用。在建立了应用程序的用户需求后，图 6.4 可用于开发云计算解决方案运维要求的文档化初始草案。

		用例						
		云终端用户	从企业到云再到终端用户	企业到云	企业到云再到企业	私有云	改变云供应商	混合云
用户工作负载需求	静态的							
	周期性的							
	千载难逢的							
	不可预测的							
	不断变化的							

		云终端用户	从企业到云再到终端用户	企业到云	企业到云再到企业	私有云	改变云供应商	混合云
运维要求	识别	X	X					X
	打开客户端	X	X	X	X	X	X	X
	联合识别		X	X	X		X	X
	位置识别		X	X	X		X	X
	计量和监控		X	X	X		X	X
	管理和治理		X	X	X		X	X
	安全性	X	X	X	X		X	X
	部署			X		X		X
	事务和并发性				X			
	互操作性				X			X
	特定于行业的标准			X	X			
	VMImage格式		X	X	X	X	X	X
	云存储API		X	X	X		X	X
	云数据库API		X	X	X		X	X
	云中间件API		X	X	X		X	X
	数据和应用程序联合		X	X	X			X
	运维SLA	X	X	X	X	X	X	X
	生命周期管理			X	X			X

图 6.4　解决方案用例以及交叉引用

6.5　应用程序类别

应用程序或业务流程从基本云模型价值主张中获得的价值越多，云迁移就变得越有价值。这一事实强调了根据重要的组织目标和目标部署选项对企业应用程序进行分类的必要性。可以根据几个因素对应用程序进行分类。这种分类通常会为要移到云中的应用程序选择适当的部署模型。这些因素包括安全隐私管理需求、独特的技术需求、灵活性和弹性需求。对应用程序进行分类的过程对于每个企业来说都是独特的，而云解决方案架构师应该在整个过程中进行教育、领导和建议工作。

分类框架可以用作建立结构化方法的基础，从而根据迁移的难易程度评估应用程序的总体相对云迁移值，分类框架还将确定云的特性对应用程序的运维价值的重要性，如图 6.5 所示。

在图 6.6 中，圆圈大小表示整体的云友好性。云迁移的痛苦受几个因素的影响，比如应用程序的依赖性和云友好性、相关的安全性和合规性要求，以及其他因素。收益包括可伸缩性、敏捷性、弹性和整体组织云迁移的动机。一些最流行的 SaaS 应用程序如表 6.1 所示。

云部署模型选择|高层决策准则

	本地设置	托管服务	公有云IaaS模式	公有云PaaS模式	公有云SaaS模式	私有云IaaS模式	私有云PaaS模式	私有云SaaS模式
安全性	高	合理	低	低	低	高	高	高
核心业务功能	内部部署所有的所有权和运维	保留应用程序的所有权	保留应用程序的所有权	保留应用程序的所有权	完全外包	内部部署所有的所有权和运维	内部部署所有的所有权和运维	内部部署所有的所有权和运维
独特的业务需求	高度定制	定制生成应用程序的基础设施	定制应用程序	定制应用程序	几乎无定制	定制应用程序	定制应用程序	几乎无定制
独特的技术需求	仅限于标准堆栈	能够提供非标准硬件	仅限于标准堆栈	部分能够提供非标准硬件	无	部分能够提供非标准硬件	部分能够提供非标准硬件	无
敏捷度/对动态量的反应	几乎没有	长期协议	按需求	按需求	按需求	按需求	按需求	按需求
资本投资	有硬件、软件、应用程序	有软件、应用程序	几乎没有到没有	几乎没有到没有	几乎没有到没有	有硬件、软件、应用程序	有硬件、软件、应用程序	有硬件、软件、应用程序
控制环境	完全控制	控制软件和应用程序	控制应用程序	控制应用程序	几乎没有	完全控制	完全控制	完全控制
上市时间	慢	中等	中等	中等	快	中等	中等	快

图 6.5 分类框架

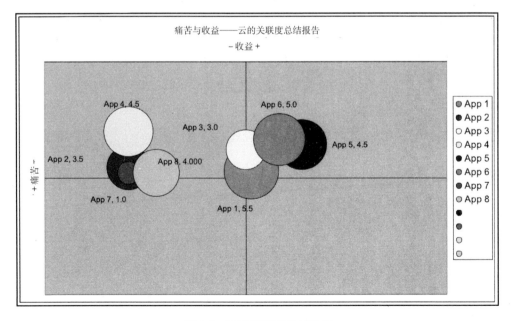

图 6.6 云迁移的痛苦与收益

表 6.1　一些最流行的 SaaS 应用程序

SaaS 应用程序	描述
客户关系管理	自动营销和跟踪销售
企业资源管理	改善工作流程和工作效率
会计	跟踪财务状况
项目管理	跟踪项目范围、要求、进度、变更、沟通和交付期限
电子邮件营销	自动化、优化营销和建立关系
账单和发票	减少处理账单的时间
协作	改善沟通和提高员工生产力
Web 主机与电子商务	使基于互联网的业务流程自动化
人力资源管理	更高效的调度、工资自动化和招聘
公共部门、合规性和 EDI	监督和执行法规，以改进合规性和沟通
行业垂直应用程序	部署特定于行业的应用程序
金融事务处理	金融资产交换

6.6　应用程序依赖关系

应用程序依赖关系增加了将应用程序迁移到云上的难度。它们可以指定应用程序的迁移顺序，甚至可以确定迁移的可行性。关键的应用程序依赖关系可以包括以下内容：

- 共享通信信道。
- 共享架构。
- 身份和访问管理。
- 共享数据。

云解决方案架构师必须探索并就最合适的解决方案选项达成共识，这些解决方案选项可能包括以下内容：

- 创建和部署共享服务层。
- 在云环境中复制服务。
- 通过可用的云服务替换遗留服务。

6.7　API 的使用

API 是连接应用程序的黏合剂。它们管理用户和正在使用的云服务之间的虚拟讨论。API 的使用有利于实现业务敏捷性、灵活性和互操作性。这些软件模块不仅仅是

Web 上的结缔组织，它们还是商业模式驱动程序，代表可以重用和共享的组织核心资产，并将资产货币化。使用 API，公司可以扩展现有服务的范围或提供新的收入流。在某些情况下，它们实际上是终端产品，反过来又提供对传统和第三方系统及数据的访问。

基础设施 API 用于配置、取消配置和扩展云计算资源。作为关键的解决方案组件，云计算解决方案的架构过程也应考虑以下几点：

- 以 API 的形式创建和发布服务端点。
- 在本地或云中部署 API。
- 在整个解决方案生命周期中使用版本控制来控制 API。
- 管理和监控与解决方案相关的 Web 服务。

主要的 API 设计风格是**简单对象访问协议(Simple Object Access Protocol，SOAP)**和**表述性状态传输(Representational State Transfer，REST)**。

6.7.1　SOAP

SOAP 使用的是**可扩展标记语言(eXtensible Markup Language，XML)**，当用于请求和响应时，XML 非常复杂。请求通常是手动创建的，由于 SOAP 不能容忍错误，因此导致应用程序很脆弱。**Web 服务描述语言(Web Services Description Language，WSDL)**与 SOAP 一起用于定义 Web 服务的使用。使用 WSDL，**集成开发环境(Integrated Development Environment，IDE)**可以使流程完全自动化。由于这种联系，使用 SOAP 的难度取决于编程语言。SOAP 的一个重要特性在于错误处理。如果请求有错误，响应中将嵌入可用于纠正问题的信息。错误报告还包含可被用于自动化处理错误的标准代码。

6.7.2　REST

REST 是一种轻量级的 SOAP 替代方案。REST 使用简单的 URL，可以处理四种不同的任务(GET、POST、PUT 和 DELETE)。REST 的灵活性在于能够使用 **JavaScript 对象表示法(JavaScript Object Notation，JSON)**、**逗号分隔值(Comma Separated Value，CSV)**和**真正的简单聚合(Really Simple Syndication，RSS)**返回数据。这意味着几乎能够以任何所需的解析格式传递输出。

SOAP 和 REST 的优势如表 6.2 所示。

表 6.2　SOAP 和 REST 的优势

SOAP 的优势	REST 的优势
平台、语言和传输独立性	与 Web 服务交互不需要昂贵的工具

续表

SOAP 的优势	REST 的优势
更好地支持分布式企业环境	较小的学习难度
更好的标准化	高效(SOAP 对所有消息使用 XML，REST 可以使用更小的消息格式)
显著的预建可扩展性符合 WS*标准	快速(无须进行大量处理)
内置错误处理	在设计理念上更接近其他 Web 技术
某些语言的自动化程度更高	

6.8 对技术架构的要求

云计算服务使用随需应变模型。因此，供应商可以计量和监控每个用户对每个资源的使用情况。反过来，每个资源都使用特定的指标和计量单元来向用户收费。大多数组织都不会以这种方式衡量 IT 使用情况，它们通常也不在 IT 平台间放置资源测量传感器。可使用共享的成本中心，只跟踪总成本和总容量需求。这使得在将应用程序转换为 CSP 时，很难估算服务使用率和预期成本。基础设施分析用于估算特定应用程序、业务流程和组织细分的资源使用情况。这通常是开发业务用例和由此产生的成本效益分析最困难的方面之一。响应提供了 IaaS 服务选项、托管基础设施服务选项和企业拥有的数据中心选项之间的经济比较。

6.9 法律/法规/安全性要求

随着技术的全球性不断发展，遵守全球和地方法律/法规的复杂性也越来越高。

在云计算环境中，确保遵循这些法律/法规非常具有挑战性。法律/法规/安全性要求用于筛选云服务供应商，选择适当的 CSP 区域，并验证必要的安全控制。

6.10 业务连续性和灾难恢复——BCDR

云基础设施在实施 BCDR 时具有一些明显的优势，具体取决于方案。

- 快速弹性和随需应变自助服务提供了灵活的基础设施，可以快速部署这些基础设施来执行实际的灾难恢复，而不会出现意外的限制。
- 广泛的网络连接降低了运维风险。
- 云基础设施供应商拥有高度自动化和弹性的基础设施来支持提供的所有服务。

- 按使用付费意味着可以节省大量成本，并且不需要资本性支出来支持 BCDR 战略。

在考虑云服务时应该考虑的方案如下。

- **内部部署，云作为 BCDR**：现有的内部部署的基础设施，可能已经有 BCDR 计划，也可能还没有。如果内部部署的基础设施发生灾难，就将云供应商视为替代基础设施的供应商。
- **云消费者，主要供应商 BCDR**：考虑中的基础设施已经在云供应商手中。正在考虑的风险是云供应商的部分基础设施(例如，其中一个区域或可用性区域)出现故障。然后，业务连续性战略的重点是将服务或故障转移恢复到同一云供应商基础设施的另一部分。
- **云消费者，替代供应商 BCDR**：与前一个方案类似，不同的是服务必须从不同的供应商恢复服务，而不是从相同的供应商恢复。这也避免了整个云供应商失败的风险。

根据定义，**灾难恢复(Disaster Recovery，DR)**几乎需要复制。这些方案之间的关键区别在于复制发生的位置。**业务连续性(Business Continuity，BC)**问题用于识别任何可能需要更详细分析的关键 BC 或 DR 问题。

6.11 经济因素

云供应商通常提供三种支付方式。

- 随需应变：用什么就支付什么。
- 保留：承诺在指定的时间内使用特定数量的服务。
- 现货：使用市场拍卖模型来匹配价格与需求。

每种方式都有优缺点，但都需要了解运维要求和客户对价格波动的敏感度。经济筛选问题用于衡量客户对云服务成本的敏感度和各种经济支付模式的重要性。

6.12 组织评估

数字化转型和云计算迁移通常涉及从非标准化的、文档化程度最低的环境迁移到高度标准化的、严格文档化的环境。这是一种非常具有挑战性的转变，需要有效的组织治理，并且可能带来重大的变更管理挑战。要想取得成功，任何云计算迁移战略都需要与重点培训和教育计划相结合。组织评估的目的是确定是否有这样的计划，如果没有，就确定适当的组织 POC。

组织治理定义了组织结构、决策权、工作流和授权点，以创建目标工作流，以最佳方式使用业务实体的资源，与公司的目标和宗旨保持一致。只有在组织定义了预期结果和适当的指标时，有效的治理才能成功。组织领导和管理必须能够阐明想要的结果是什么，由谁对这些结果负责，将决策推向下一级的升级标准或触发因素是什么，以及将使用哪些指标来监控系统正在实现预期的结果。整个治理过程需要被不断进行评估，以确定为决策者提供了必要的透明度和及时性，并进行了相应的调整。

在迁移过程中，组织必须同时抛弃常规业务，在多个维度上包含以下内容。

- **安全框架**：从以基础设施为中心到以数据为中心。
- **应用程序开发**：从紧耦合到松耦合。
- **数据**：从主要为结构化的到主要为非结构化的。
- **业务流程**：从主要为串行的到主要为并行的。
- **安全控制**：从企业负责到责任分担。
- **经济模式**：从主要为 CAPEX 到主要为 OPEX。
- **基础设施**：从主要为物理的到主要为虚拟的。
- **IT 运维**：从主要为手动的到主要为自动的。
- **技术运维范围**：从区域性的到全球化的。

迁移前后的对比如图 6.7 所示。

方面	迁移前	迁移后
安全框架	以基础设施为中心	以数据为中心
应用程序开发	紧耦合的	松耦合的
数据	主要为结构化的	主要为非结构化的
业务流程	主要为串行的	主要为并行的
安全控制	企业负责	责任分担
经济模式	主要为CAPEX	主要为OPEX
基础设施	主要为物理的	主要为虚拟的
IT运维	主要为手动的	主要为自动的
技术运维范围	区域性的	全球化的

图 6.7　迁移前后的对比

在着手实施任何云迁移计划之前，企业应该实施有重点的组织变更管理战略。在整个组织中，需要通过植入有重点的组织变更管理过程，广泛地认识、理解、接受和承诺期望的内容以及交付的时间。组织应该经常问，企业文化是否在以必要的速度发生变化，是否正在利用所有沟通渠道以便传达正确的内容？

6.13　本章小结

云计算在很多方面都是变革性的。云迁移可以在整个组织中产生连锁反应。任何转型战略中最困难的部分都是改变组织中人们的想法。适当的规划、充分的准备、态势感知和环境控制将为转型成功打下坚实的基础。与匹配的云供应商配对解决方案战略、经济因素、技术选择和风险概况将使云迁移的价值最大化。在任何重大转型中，变更管理和沟通计划都是至关重要的。领导们会不断地衡量和比较准确且相关的指标和数据，衡量进展、采用、潜在风险和企业文化变化的速度。如果进展缓慢，采用可能随之而来。如果采用速度减慢，项目的进展可能会延迟。对环境要保持态势感知，持续监控、衡量和比较当前的情况和迁移目标。准备是关键。

第 *7* 章

基础的云架构

云迁移很难实施。正如第 6 章所述，由于现在大部分的工作都落在了消费者方面，因此可能很难被设计和规划迁移。这种变化是一把双刃剑。它虽然使消费者对设计、技术选择、经济因素和风险有更大的控制权，但也给消费者带来了更多的设计和架构负担，消费者可能没有供应商所具有的设计解决方案方面的经验。

基础的云架构是基础设计思想的基本构建块。这些常见的设计安排可以用来快速启动解决方案。在利用标准的云计算模式时，基础的云架构非常有用。模式用于表示云服务的要求，而基础的云架构为处理公共架构组件及相关要求提供了有用的模型。

基础的计算组件涉及 Web 层、应用层和数据库层，每一层都有一定的存储级别。存储属性将根据设计要求而变化。几乎所有的现代设计都将包含 Web 层、应用层和数据库层。

这种类型的划分方式称为**分层**。大多数设计都有三或四层。层数通常是指环境入口点和目标数据之间独立的分层数量。例如，三层架构包含 Web 层、应用层和数据库层。单服务器架构将三层全部驻留在同一虚拟服务器或物理服务器上。

在本章中，我们将介绍以下主题：

- 基础的架构类型
- OSI 模型和层描述
- 复杂的架构类型
- 构建混合云

7.1 基础的架构类型

7.1.1 单服务器

　　单服务器架构表示使用一台服务器(虚拟的或物理的)，其中包含 Web 服务器、应用程序和数据库，如图 7.1 所示，例如 **LAMP 堆栈(Linux、Apache、MySQL、PHP)**。单服务器架构并不常见，它们有固有的安全风险，使用折中方案可能会损害所有的安全性。通常在开发时部署这些架构，允许开发人员快速构建功能，而无须处理不同服务器(可能位于不同位置)之间的连接和通信问题。

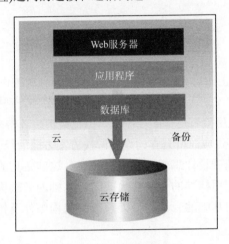

图 7.1　单服务器架构

7.1.2 单站点

　　单站点架构采用单服务器架构，并将所有层拆分为它们自己的计算实例，从而创建前面提到的三层架构。由于将所有计算资源放在同一个位置，因此创建了单站点架构。单站点架构有两个版本：非冗余三层架构和冗余的三层架构。

1. 非冗余三层架构

　　非冗余三层架构用于节省成本和资源，但必须承担更高的风险。任何组件中的一个故障点都可以使流量无法正常流入或流出。这种方法通常只用于开发或测试环境。图 7.2 将每一层作为单独的(虚拟的或物理的)服务器显示。不建议在生产环境中使用这种设计。

2. 冗余的三层架构

　　冗余的三层架构为冗余性添加了另一组相同的组件，如图 7.3 所示。附加的设计

组件确实增加了复杂性，但在设计故障转移和恢复保护时需要这些组件。设计冗余的
基础设施需要对每层内的组件进行深思熟虑的计划(水平缩放)，以及进行流量如何从
一层流向另一层(垂直缩放)的计划。

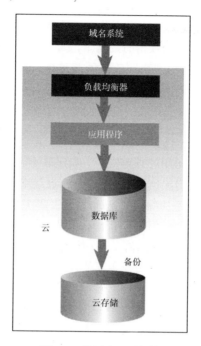

图 7.2　非冗余三层架构

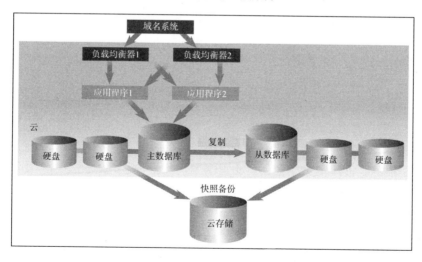

图 7.3　冗余的三层架构

单点故障

在冗余架构中，当层中只有一台设备或组件时，重复的组件消除了单点故障。对

于层中的每一个组件，只有一种方法可以进入和退出。

冗余和弹性

冗余和弹性经常被混淆。它们是相关的，但不能互换。冗余是为了防止失败而做的事情，这意味着冗余在问题发生之前发生。弹性指的是在问题发生后如何找到解决方案。例如，可以使用带有冗余数据的数据库。如果数据库对(database pair)的主端发生故障，那么辅助端将升级到主端，并在故障端进行自我修复时开始接收负载。故障转移和自修复功能是弹性的。两者是相关的，但不能互换。

水平伸缩

在外部工作时，假设网站只有一台 Web 服务器。最近的一次突然停机为当前设计中每一层冗余的组件确定了可用的预算资金。顺便说一句，每家公司都有一次重大的停机，否则就会为冗余计划增加预算资金。目前在设计中使用了一台 Web 服务器。为了增加冗余，我们必须通过添加额外的 Web 服务器来水平扩展 Web 服务器层，从而消除单点故障。那么如何将流量传递到两台 Web 服务器？网络上的数据包如何知道要去哪台 Web 服务器以及进出哪条路径，以及所有这些是如何物理连接的？

在设计中添加冗余时，负载均衡是主要的设计组件。单个负载均衡器将有助于在多台 Web 服务器之间分配流量，但是单个负载均衡器会创建另一个单点故障。为了实现冗余，在设计中添加了两个及两个以上的负载均衡器。负载均衡器控制流量模式。在决定如何控制和分配流量时，需要考虑许多有趣的配置。分配可能与流量类型、内容、流量模式或服务器响应请求的能力有关。负载均衡器有助于在逻辑上处理流量，那么在物理层该如何处理流量呢？

7.2 OSI 模型和层描述

当处理复杂的设计时，OSI 堆栈是一个很好的工具。必须在设计中考虑 OSI 堆栈中的每一层，并且答案要有目的。设计始终从物理层开始，从底层向顶部堆叠，如图 7.4 所示。如今，许多负载均衡器都可以在 OSI 堆栈的所有层上运行。回答如下问题：多个负载均衡器如何物理连接到多台 Web 服务器，从而创建多条进出路径？还可能需要多个开关。当下，许多负载均衡器将交换机的端口密度、路由器的路由能力和负载均衡器的逻辑功能结合在一起，所有这些都被集成在一台设备中，这简化了设计，也节省了一些预算资金。

Web 层和应用层常常可以折叠到同一台 Web 服务器中。从安全性的角度看，这也可能是一个问题。假设服务器受到威胁，那么这两台 Web 服务器都可能受到威胁。许多设计将这两层折叠起来，因为它们紧密地结合在一起，使用系统总线代替较慢的网络连接和其他设备，性能可以显著提高。

OSI模型和层描述

第7层	应用层		
第6层	表示层	}	应用程序通信
第5层	会话层	SIP、RTP、RTCP	
第4层	传输层	TCP、UDP、SCTP	
第3层	网络层	IPv4、IPv6	
第2层	数据链路层	以太网等	
第1层	物理链路层	同轴电缆、射频链路等	

图 7.4　OSI 模型和层描述

　　从单服务器设计到单站点设计，再到单站点冗余设计，每种设计都建立在前一种设计的基础上。图 7.5 添加了其他组件、服务器和负载均衡器，以说明具有冗余的单站点设计的基本架构。下面的冗余设计将 Web 和应用程序都折叠到同一台虚拟服务器或物理服务器上。将负载均衡器添加到设计中以将负载委派给多个服务器。数据库服务器显示为主备份，并在它们之间进行复制。这种冗余架构可以防止由于系统不可用和停机而导致的应用程序问题。弹性的考虑因素可能包括数据库驱动器的 RAID 配置、数据库如何备份和恢复、应用程序和设备如何处理状态和会话信息，以及数据库在数据或驱动器丢失后如何重建。

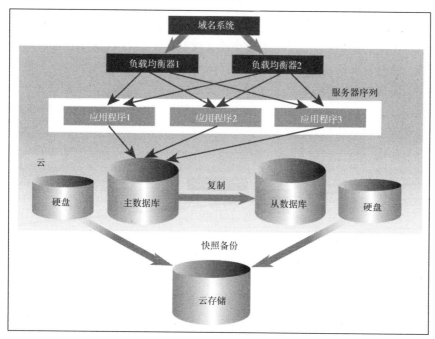

图 7.5　冗余的单站点设计的基础架构

7.2.1 逻辑和物理设计

设计可以是逻辑的，也可以是物理的。清楚它们代表的内容是非常重要的。逻辑图说明了事物如何在设计中流动。消除一些物理连接可以帮助观察者专注于设计中的逻辑流。相反地，物理布局可能不包含许多逻辑细节和配置，以使观察者关注设计的物理特性和属性。除非特别指出是物理的，否则均为逻辑的。

7.2.2 自动伸缩架构

云计算的一个关键优势是能够在需要的时候消费需要的东西。自动伸缩性描述了云计算随着用户要求的变化而水平伸缩的能力(缩小或增加正在运行的服务器实例的数量)。

自动伸缩性通常被用在 Web/应用层的基础架构中。在前面的图 7.5 中，根据要求和阈值等设置将动态地添加一台额外的服务器。

负载均衡器必须被预先配置或动态配置，以处理新添加的服务器。

7.3 复杂的架构类型

7.3.1 多数据中心的架构

冗余的单站点设计通常可以处理许多更常见的问题，这些问题会导致基础设施层的停机。如果无法访问整个站点，会发生什么情况？如果 DNS 配置错误，导致流量方向错误，又会发生什么情况？现在无法访问单站点。传统上，解决这一问题的代价非常高昂。冗余的单站点设计几乎使基础设施的成本翻了一番。对于地理冗余，需要另一个站点。这个站点成功将第一个站点的预算翻了一番。当冗余被添加到第一个设计中时，第一个站点的预算已经翻倍。

云计算解决方案正在极大地改变我们设计冗余、弹性和灾难恢复的方式。云改变了设计基础。例如，我们现在能够设计低端的基础级流量，而不是设计预期的高水位级别。云可以显著地改变单站点和多站点设计中所需的内存占用大小和冗余基础设施的数量。云也在改变基础设施的消费模式。传统上，部署在内部的一些应用程序已转变为 SaaS 产品，从而消除了对相关内部基础设施的要求。减少单站点的占用空间还可以减少第二个站点占用的空间大小，从而帮助冗余战略比传统部署更容易适应预算。

在跨多个数据中心规划冗余时，需要考虑新的设计挑战。如何将流量发送到一个位置或另一个位置？站点是活动的还是备份的？两者都是活跃的吗？在发生故障之后，如何处理对主服务器的故障恢复？需要对弹性的计划进行哪些更改？如何在故障转移前后处理数据同步？

7.3.2　全局服务器负载均衡

有许多机制可以处理多站点之间的流量。几乎所有这些方法都依赖于对 DNS 信息的操作。DNS 信息有时需要几小时才能在全球范围内更新。如果生产站点必须故障转移到冗余站点，那就不能再等待流量再次通过。全局服务器负载均衡能够在发生故障时配置预先计划的操作，如图 7.6 所示。GSLB 在每个站点都需要昂贵的可公开访问的设备。安全专家也被要求作为成功解决方案的一部分，以确保设备免受持续的黑客攻击。

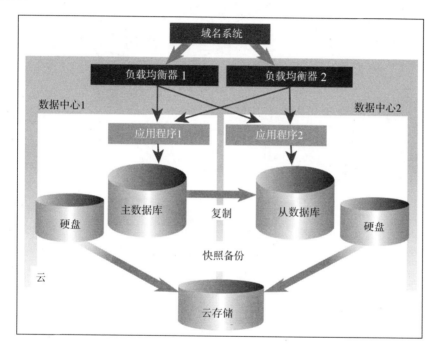

图 7.6　全局服务器负载均衡

昂贵的、传统的、基于设备的 GSLB 部署可以部署为云 GSLB 服务，其中 GSLB 作为托管服务使用，每月收取一定的费用。供应商还提供了其他选项，包括区域部署和独立的可用区域，以帮助处理地理多样性和故障转移。由消费者决定所需的冗余级别和故障转移速度。区域级冗余与区域部署不同。

7.3.3　数据库弹性

主次或主从数据库关系很常见，但是在高事务、高流量的环境中发生故障时，会遇到一些挑战。数据库正在接收大量的请求，事务也在不断地进行读写操作。备份过程可能非常费时费力。恢复和同步可能需要很长时间。高要求环境可以从具有双向复制的双活(active-active)数据库配置中获益,从而保持两个数据库服务器上数据的同步。这种类型的设计确实增加了复杂性,但在单站点或多站点中增加了更高级别的冗余和弹性,具体取决于配置,如图 7.7 所示。

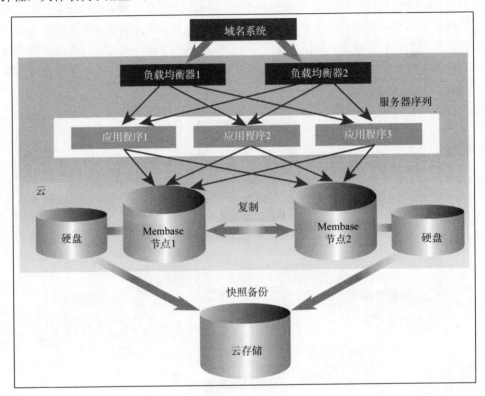

图 7.7　数据库弹性

7.3.4　缓存和数据库

内容的类型也会影响架构。例如,缓存技术可以更改数据库服务器上的负载、负载均衡设计、数据库服务器大小、存储类型、存储速度、如何处理和复制存储,以及网络连接和带宽要求,如图 7.8 所示。目前,估计 80%～90%的企业数据属于非结构化类别。

7.3.5　基于警报和队列的可伸缩设置

由于可以将多个服务器阵列附加到同一个部署,因此可以实施双重可伸缩架构,从而提供了可伸缩的前端和后端服务器网站序列,如图 7.9 所示。

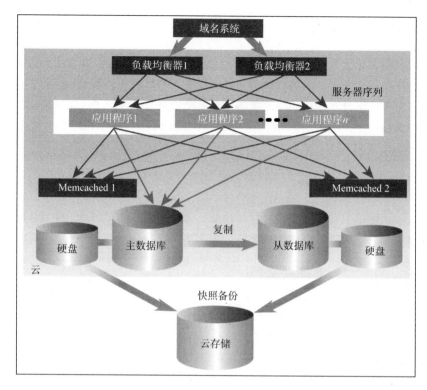

图 7.8　缓存和数据库

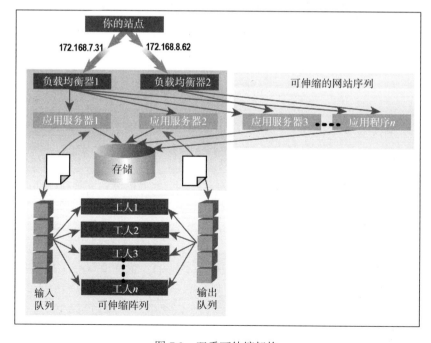

图 7.9　双重可伸缩架构

7.3.6 混合云站点架构

通过利用多个公有云/私有云基础设施或专用托管服务器,混合云站点架构可以保护应用程序或站点冗余。这将要求所选供应商之间的数据和基础设施具备可移植性。混合方法要求能够将功能相同的服务器投入多个公有云/私有云中。这种架构可用于避免云供应商被锁定,另外还可以利用多个云资源池。这种混合方法既可以用于混合云,也可以用于混合 IT 环境。

7.3.7 可伸缩的多云架构

多云架构提供了私有云基础设施中主要托管应用程序的灵活性,并且能够在必要时将云暴露到公有云中以获得额外容量,如图 7.10 所示。

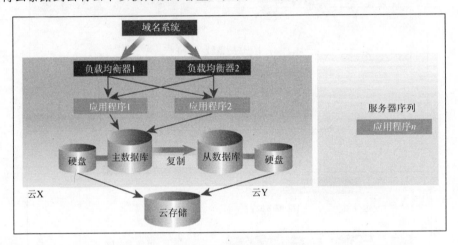

图 7.10 可伸缩的多云架构

7.3.8 故障转移多云架构

如果可以使用相同的服务器模板和脚本来配置资源并将资源启动到任何一个云供应商,那么可以使用另一个云供应商作为主要云供应商以保证业务连续性,如图 7.11 所示。使用这种架构时需要考虑的因素包括公有和私有 IP 地址以及供应商服务水平协议。如果存在问题或故障需要切换云,那么多云架构将使这种迁移变得相对容易。

可以使用围绕公共 IP 地址的 VPN 在两个不同的云供应商平台上的服务器之间安全地发送和接收数据。在这种架构中,在各种云基础设施之间传输的任何数据(除非在私有云之间使用)通过公共 IP 发送。在图 7.12 中,使用加密 VPN 连接了两个不同的云。

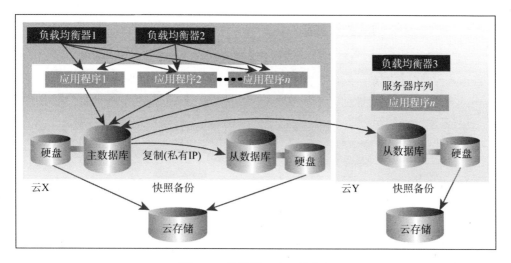

图 7.11　使用另一个云供应商

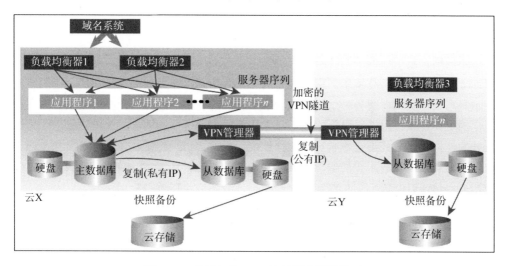

图 7.12　使用加密 VPN 连接两个不同的云

7.3.9　云和专用主机架构

　　混合云解决方案可以使用公有云和私有云资源作为内部或外部数据中心服务器的补充,这可以用来满足数据物理位置的要求。数据库不能迁移到云计算平台,其他应用层可能没有相同的限制。在这些情况下,混合架构可以使用**虚拟专用网络(Virtual Private Network,VPN)**在云和专用服务器之间的公共 IP 上实施加密隧道,如图 7.13 所示。

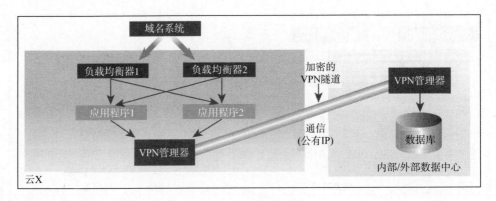

图 7.13   实施加密隧道

7.4   为混合云设计架构

7.4.1   混合用户接口

不同用户组工作负载与托管在弹性环境中的应用程序异步交互，而应用程序的其余部分则驻留在静态环境中。应用程序响应具有不同工作负载的用户组。一个用户组表示静态工作负载，而另一个用户组表示周期性的、千载难逢的、不可预测的或不断变化的工作负载。由于用户组的大小和工作负载是不可预测的，因此用户接口可确保意外的峰值工作负载不会影响应用程序性能，而每个用户组都由最合适的环境处理。服务于不同工作负载用户的用户接口组件托管在弹性云环境中。弹性云中的用户接口使用消息传递以解耦方式与应用程序的其余部分集成，以确保松散耦合。

7.4.2   混合处理

具有不同工作负载的处理功能模块位于弹性云中，而应用程序的其余部分位于静态环境中。分布式应用程序提供具有不同工作负载下的处理功能。访问应用程序的用户组在大小上是可预测的，但是访问功能的方式不同。尽管大多数功能都在静态工作负载下被平等地使用，但是一些处理组件处在周期性的、不可预测的或不断变化的工作负载下。具有不同工作负载的处理组件由弹性云提供。通过消息在托管环境之间异步交换信息，可以确保松散耦合。

7.4.3   混合数据

不同大小的数据位于弹性云中，而应用程序的其余部分位于静态环境中。分布式应用程序处理的数据大小差别很大。可以周期性地生成数据，然后删除数据，数据可以随机增加或减少。在更改期间，用户编号和应用程序访问可以是静态的，从而带来其他应用程序组件的静态工作负载。弹性云存储产品处理不同大小的数据，这些数据不适合由静态环境托管。数据要么由驻留在静态环境中的数据访问组件访问，要么由弹性环境中的数据访问组件访问。

7.4.4 混合备份

对于灾难恢复，定期从应用程序中提取数据并存档到弹性云中。有关业务弹性和业务连续性的要求具有挑战性。此外，还有一些法律/法规规定，企业有义务在很长一段时间内对审计数据进行存档。分布式应用程序位于本地静态环境中。由状态组件处理的数据会定期被提取并被复制到云中存储。

7.4.5 混合后端

后端功能由数据密集型处理功能组成，具有不同工作负载的数据存储驻留在弹性云中，而所有其他组件都驻留在静态数据中心中。分布式应用程序提供不同工作负载下的处理功能。需要提供对主要静态工作负载的支持，但是一些处理组件会遇到周期性的、不可预测的或不断变化的工作负载。具有不同工作负载的应用程序组件应该处于弹性环境中。然而，这些组件在执行期间需要访问大量数据，这使得它们非常依赖于可用性和访问数据的及时性。具有不同工作负载的处理组件与在操作期间访问的数据一起位于弹性云中。从静态环境交换的异步消息用于通过面向消息的中间件消息队列触发弹性云中的处理组件。静态环境数据访问组件确保弹性处理组件所需的数据位于存储产品中，然后可以通过消息将数据位置传递给弹性处理组件。后端功能不需要的数据可能仍然存储在静态数据中心的状态组件中。

7.4.6 混合应用程序功能

由用户接口、服务处理和数据处理提供的一些应用程序功能经历了不同的工作负载，同时，它们也位于弹性云中，然而相同类型的其他应用程序功能位于静态环境中。分布式应用程序组件在应用程序堆栈的所有层上遇到不同的工作负载：用户接口、服务处理和数据访问。所有组件都向应用程序用户组提供功能，但是用户组访问功能的方式不同。除了工作负载要求之外，其他问题可能会限制可以配置应用程序组件的环境。应用程序组件根据类似的要求进行分组，并部署到最合适的环境中。通过与异步消息传递交换数据来减少组件相互依赖性，以确保松散耦合。根据所访问的功能，负载均衡器无缝地将用户访问重定向到不同的环境。

7.4.7 混合多媒体 Web 应用程序

网站内容主要是由静态环境提供的。无法高效缓存的多媒体文件是由大型分布式弹性环境提供的，以实现高性能访问。分布式应用程序提供对全局分布式用户组的网站访问。虽然大多数网站都有静态内容，但仍有大量的多媒体内容需要流到用户那里。静态网站内容位于用户访问它们的静态环境中。流内容位于弹性云环境中，可以从用户接口组件访问它们。静态内容被传送到用户的客户端软件，客户端软件引用多媒体内容。流媒体内容检索通常由用户的浏览器软件直接处理。

7.4.8　混合开发环境

生产的运行时环境在弹性环境中被复制和模拟，以用于新的应用程序开发和测试。应用程序在开发、测试和生产阶段有不同的运行环境要求。

在开发过程中，硬件要求各不相同，因此硬件资源需要灵活，并且能够根据需要扩展资源。在测试阶段，需要不同的测试系统，以便在不同的操作系统上验证适当的应用程序功能，或者在使用不同的客户端软件访问时进行验证。负载测试还需要大量的资源。在生产中，安全性和可用性等其他因素比资源灵活性更重要。在开发和测试环境中使用等效寻址、类似数据和等效功能模拟应用程序生产环境。通过应用程序组件的迁移或运行时的兼容性确保应用程序迁移。开发环境中还专门提供了一些测试资源，以验证不同环境下应用程序的行为。图 7.14 展示了混合开发环境。

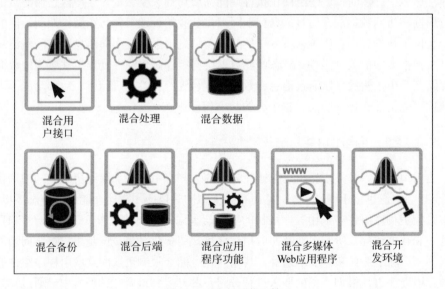

图 7.14　混合开发环境

每种模式都使用特定的特征和属性。这些可以帮助云解决方案架构师准确地将互操作性和模型实现可视化，并比较经济因素、技术选择和潜在战略的影响。模式属性及相关指标还可以用于使用计算辅助设计工具对解决方案进行建模和测试。使模式特征、属性和指标与组织要求和目标保持一致通常会促成解决方案的成功部署。

7.5　本章小结

成功的设计需要同时平衡所需的战略、经济因素、技术和风险属性。复杂的设计不一定更好，非但不能减轻风险，而且会带来额外的风险。需要在设计开始时对要求进行定义，而不是在完成时才去做。当架构被设计、评估和比较时，洞察就会显现出来，为更新或更改要求提供反馈循环。

更新的要求会带来新的设计方案，并可能带来更多的洞察。当战略、经济因素、技术和风险协调一致时，反对意见就会平息或通过谈判消除。只有在被提出不容置疑的要求时，才会增加设计的复杂性。

第 *8* 章

解决方案的参考架构

本章介绍的参考架构摘要将作为解决方案设计的起点。它们概述了满足主题要求的最小组件和流程，但不推荐特定的技术或云供应商解决方案。它们也不可能解决任何独特的组织要求或关注点。真实的、可部署的解决方案需要添加实际的企业要求、云解决方案架构师的洞察力、由选定的云服务供应商驱动的修改以及组织团队协作。

这些摘要是使用**云标准客户委员会(Cloud Standards Customer Council，CSCC)** 开发的完整参考架构创建的。CSCC 致力于加速云计算的成功采用，让用户有机会将要求纳入标准的开发组织并提供有助于其他企业的材料。完整的参考架构可以在网上免费获得，网址是 http://www.cloud-council.org/resourceshub.html。

在本章中，我们将重点介绍以下主题：

- 应用程序的安全性
- Web 应用程序托管
- 公共网络
- API 管理
- 电子商务
- 大数据与分析
- 区块链
- 物联网架构
- 混合集成架构

8.1 应用程序的安全性

参考架构摘要提供了在云服务供应商的环境中保护任何应用程序或流程所需的关键组件。采用云服务需要清晰地了解安全服务、组件和选项。这些知识与清晰的架构相结合，涵盖了开发、部署和操作，如图 8.1 所示。

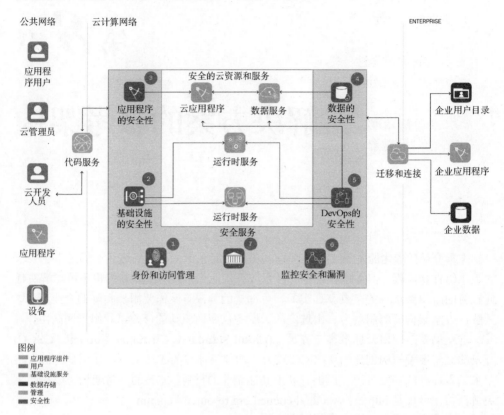

图 8.1　云服务解决方案的安全架构

图 8.1 显示了云服务解决方案的安全架构中所需角色和组件的高级架构，根据适用的网络可划分为三个域。这些网络通常是单独保护的：公共网络、云供应商网络和企业网络。

公共网络(通常是互联网)包括与云解决方案、终端用户设备和相关应用程序交互的各方。

图 8.1 还显示了三个主要角色：应用程序用户、云管理员和云开发人员。

企业网络包含现有的(非云)企业组件。这些通常是云解决方案所必需的，包括用户目录、应用程序和数据系统。

云供应商网络包含基于云的解决方案的主要组件(云应用程序、数据服务、运行时服务和基础设施服务)，运行在云服务中。安全服务与这些组件相关联(对应图 8.1 中的数字)。

① **身份和访问管理**：管理云管理员、应用程序开发人员、应用程序用户的身份和访问权限。

② **基础设施的安全性**：处理网络、连接和计算基础设施的安全性。

③ **应用程序的安全性**：解决应用程序威胁、安全措施和漏洞。

④ **数据的安全性**：发现、分类、保护数据和信息资产，包括保护静止和传输中的数据。

⑤ **DevOps 的安全性**：安全获取、开发、部署、维护云服务、应用程序和基础设施。

⑥ **监控安全和漏洞**：实时提供对云基础设施、数据和应用程序的可见性，并管理安全事件。

⑦ **安全服务(治理、风险和合规性的安全性)**：维护安全策略、审计和合规性措施，满足公司政策、特定解决方案的法规和治理法律。

8.2　Web 应用程序托管

Web 应用程序托管架构使用 HTTP 或 HTTPS 提供包含静态和动态内容的网页。静态内容使用标准化的网页文本，其中包含文档、图像、视频和声音剪辑文件中的特定内容。动态内容是由访问者的输入实时创建的。基于从链接的数据库派生的请求和内容进行响应。核心组件是 Web 应用程序服务器。其他组件包括生命周期管理、操作管理和治理，如图 8.2 所示。

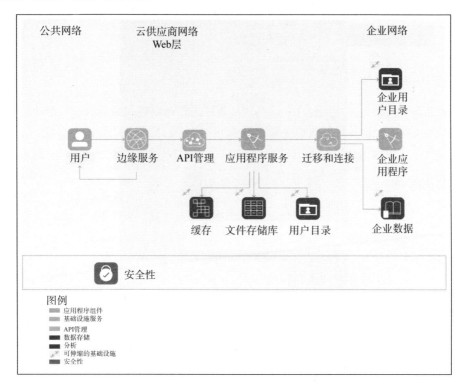

图 8.2　托管云架构的 Web 应用程序

8.3　公共网络

公共网络组件包含用户和边缘服务。用户可以使用各种设备和系统与 Web 应用程序进行交互。边缘服务能够提供应用程序内容，通常包括防火墙、DNS 服务器、负载均衡器和内容交付网络(Content Delivery Network，CDN)。

8.3.1　云供应商网络组件

Web 服务层

CSP 通常托管 Web 服务层。这一层包含生成动态 Web 内容的程序逻辑。Web 和应用服务器也可以部署在三层设计中，使用负载均衡器连接单独的 Web 和应用程序服务器池。其他组件包括文件存储库、Web 应用程序服务器、用户目录和缓存。

- **API 管理**：API 管理提供访问应用程序所需的所有可用服务端点。服务可以包括安全性、可伸缩性、组合、访问、治理、分析、部署和管理。
- **迁移和连接**：迁移和连接确保与遗留企业系统的安全连接，还可以在 Web 组件和遗留企业系统之间进行转换时过滤、聚合或修改数据。在这种参考架构中，迁移和连接组件位于 Web 层和企业层之间，可以包括企业数据连接、数据迁移和企业安全连接。

8.3.2　企业网络组件

企业通常托管许多应用程序，这些应用程序通常可以提供关键的业务解决方案和基础设施支持。应用程序还具有先被提取出并与基于云的服务结合的数据源。分析在云中执行，并将输出传递到本地系统。

服务层

服务层包含企业应用程序、企业用户目录和企业数据。企业用户目录可以存储并访问用户信息，以支持用户进行访问。企业数据包括相关数据的元数据，以及用于企业应用程序身份验证、授权或配置文件数据的记录系统。企业应用程序使用云供应商的数据和分析来生成满足业务目标的结果。

8.3.3　安全组件

安全组件包括身份和访问管理、数据和应用程序的保护以及情报的安全性。

8.4　API 管理

API 是任何云计算解决方案的核心，因此它们也必须被管理。API 管理不仅必须处理与 API 的传递和使用相关的多个角色，而且还必须处理所有不同的服务、设备和应用程序。

有关 API 管理的详细信息，请参阅 https://slidelegend.com/cscc-cloud-customer-architecture-for-API-management_59fc74001723dd6ae4d97181.html。

8.5　电子商务

图 8.3 显示了跨公共网络、云供应商和企业网络的电子商务解决方案。公共网络包含商业用户以及支持用户交互的电子商务渠道。边缘服务处理公共网络和 CSP 之间的通信。云供应商可以托管全面的电子商务功能，如商品销售、位置感知、电子商务、支付处理、客户服务、分布式订单管理、供应链管理和仓库管理。

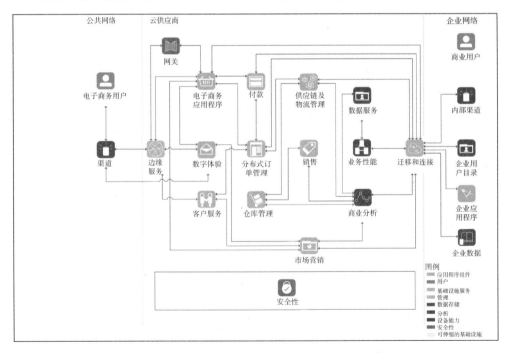

图 8.3　电子商务的云组件关系

企业网络代表现有的企业系统，包括组织应用程序、数据存储和用户目录。可以使用迁移和连接组件提供结果。

8.5.1 公共网络组件

公共网络包含数据源和 API、用户和边缘服务。电子商务用户通过云供应商平台或组织网络访问商务解决方案。这提供了一种无缝的、个性化的体验，独立于客户访问模式或渠道。该领域的主要功能包括：

- 网站
- 移动
- 连接设备

需要使用边缘服务将数据安全地从互联网传输到 CSP，然后再传输到企业。边缘服务还支持终端用户应用程序。该领域的主要功能包括：

- 域名系统服务器
- CDN
- 防火墙
- 负载均衡器

8.5.2 云供应商组件

通过允许直接从制造商订购，电子商务应用程序扩展了供应商进入新市场和新渠道的能力。让零售商作为供应商的交付渠道，也为客户提供了便利，使他们能够接触到新客户，并推广自己的品牌。该领域的主要功能包括：

- 移动数字与存储
- 产品搜索和个性化
- 目录
- 捕获
- 市场

强大的数字体验是吸引客户的关键，该领域的主要功能包括：

- 内容
- 统一检索
- 社会活动
- 数字通信

网关也很重要，因为它允许智能设备搜索、购物和支付。客户服务在整个事务生命周期和所有商业渠道中帮助客户。应该实时提供在线客户服务，通常通过聊天工具，由用户的行为(比如放弃购物车或多次在页面之间切换)提示。认知计算和自然语言处理极大增强了客户服务功能。该领域的主要功能包括：

- **客户关系管理(Customer Relationship Management，CRM)**
- 忠诚度管理

支付处理掌管使用信用卡或**电子资金转账(Electronic Fund Transfer，EFT)**的付款事务，由以下角色完成：

- 商家
- 客户
- 商户支付、处理服务供应商
- 商业银行(不同于支付处理程序)
- 客户的银行，以及发行信用卡或购物卡的银行

另一方面，支付网关是电子商务事务和支付处理服务之间的中介。安全方面的要求禁止从网站直接向支付处理程序传输信息。支付网关由支付处理供应商提供，或者与只提供网关作为服务的供应商签订合同。

可通过在商店直接履行分布式订单管理来协调来自配送中心和仓库的订单的工作流程。可以在扩展的供应链网络上提供卓越的客户体验，并在多个渠道上提供灵活的订单管理。该领域的主要功能包括：

- 订单管理和业务流程
- 全球库存可见
- 退货管理

供应链管理用于计划和管理产品生命周期、供应网络、库存、分销和合作伙伴联盟。物流管理涉及采购、生产、仓储和运输的内部物流。该领域的主要功能包括：

- 供应链管理
- **产品生命周期管理(Product Life Cycle Management，PLM)**和制造
- 寻求供应商进行采购并下单
- 供应商和合作伙伴数据通信
- 事务事件分类账簿
- 运输管理与优化

仓库管理使高效的仓库管理操作成为可能。现代组织结合了仓库管理无线网络、移动计算机、**射频识别(Radio Frequency Identification，RFID)**技术、语音选择应用程序和条形码等。这可以充分延伸到企业的流动工人，提高效率，提高客户服务。该领域的主要功能包括：

- 仓库库存管理
- 库存优化
- 库存

商品规划是对商品或服务营销权的管理。目标是优化利润率、总收入或产品保质期。该领域的主要功能包括：

- 分类管理
- 价格管理与优化
- 植入广告

商业分析可以优化顾客的购买过程，从而提高销售和业务收入。应该在正确的时间和最佳的渠道推动下一个最佳行动。通过全面的客户视图和预测分析实现个性化。该领域的主要功能包括：

- 数字分析
- 跨渠道的分析
- 社交商务和情感分析
- 商品分析与优化

营销领域通过提供个性化的报价、内容和产品演示，支持从产品搜索到购买决策，再到交易完成的整个过程。了解消费者的消费和购物行为是建立和增长市场份额的关键。该领域的主要功能包括：

- **营销资源管理(Marketing Resource Management，MRM)**
- 活动管理
- 实时建议

数据服务提供访问、复制和同步数据的功能。这些服务有助于管理商品库存和分配运输。其他数据服务也可用于生成和汇总来自企业数据和应用程序的报告。

业务性能组件提供重要的警报、衡量指标和**关键性能指标(KPI)**，用于监控商业活动，根据目标跟踪进度，并根据市场变化和需求调整产品。通常使用为特定管理角色定制的仪表板显示数据。商业分析和数据服务支持客户活动的实时可见性，并提供深入了解单个事务的能力。

零售商通常依赖一些基本指标来说明对业绩的准确看法。这些零售的关键业绩指标如下：

- 在商店或通过网站进行互动的顾客数量
- 转化率—实际有多少商店或网站访问者进行购买行为
- 购买物品的平均销售额
- 购物车的大小
- 毛利率

迁移和连接组件提供与企业系统的安全连接，还提供过滤、聚合、修改或重新格式化数据的功能。该领域的主要功能包括：

- 企业安全连接
- 数据迁移
- 企业数据连接
- 提取、转换和加载

8.5.3　企业网络组件

企业网络组件支持本地系统和用户。该领域的主要功能包括：

- 店内
- 呼叫中心

企业应用程序是商业解决方案中的重要数据源。企业应用程序采用云服务并托管遗留应用程序。以下是三个主要的应用：

- 金融
- 人力资源
- 合同管理

1. 企业数据

企业数据组件托管提供关键业务解决方案及基础设施的应用程序。这些应用程序是关键数据源，会被提取出并与分析服务结合。该领域的主要功能包括：

- 参考数据
- 事务数据
- 活动/大数据
- 主要的操作数据

企业用户目录为云用户和企业用户提供用户配置文件访问。用户配置文件提供登录账户和访问控制列表。安全服务和边缘服务使用企业用户目录控制对企业网络和服务或云供应商服务的访问。

2. 安全性

安全服务支持身份和访问管理、数据和应用程序的保护，以及跨云和企业环境的可操作情报的安全性。它们使用目录和企业用户目录来了解它们所保护数据的位置和分类。该领域的主要功能包括：

- 身份和访问管理
- 应用程序和数据保护数据加密
- 基础设施及网络保护
- 应用程序保护
- 数据活动监控
- 数据沿袭
- 情报的安全性

8.6　移动化

本摘要中描述的架构元素用于通过云供应商提供程序实例化移动托管环境。移动应用具有时间可变的使用模式，这些模式得到了云计算的可伸缩性和弹性的良好支持。移动应用也倾向于使用服务器端数据。

对于传统的企业系统来说，移动应用中常见的数据访问频率和数量有时会很困难。弹性配置和特定应用程序数据库的支持是一项重要且相关的云计算功能。使用特定于应用程序的数据库还可以减少访问企业系统和相关资源的需要。

8.6.1 移动架构组件

前面的图 8.1 说明了移动云解决方案的高级架构。该架构有四层：
- 移动计算设备
- 连接设备到云服务的公共网络
- 提供托管必要服务的云环境

图 8.4 描述了包含遗留企业应用程序、服务和数据的企业网络。

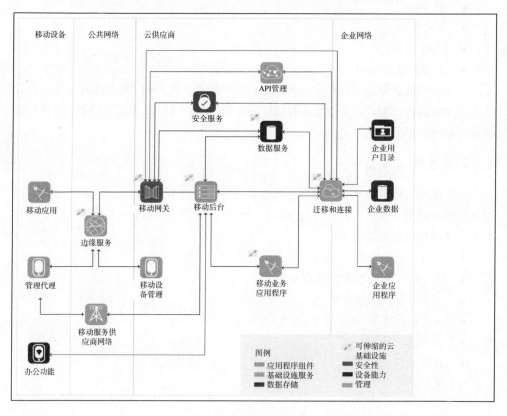

图 8.4　云客户移动架构

8.6.2 移动设备组件

移动应用是用户参与移动设备上的服务的核心载体。移动应用通过 API 与后端服务通信，通常基于 REST 接口。这两个关键的移动应用组件如下：

- 供应商框架
- **企业软件开发工具包(Software Development Kit，SDK)**

管理代理负责应用企业策略。代理是 SDK 组件，用于在设备上存储、实施和管理策略。脱机功能使应用程序能够在设备上安全地存储和同步数据。移动应用可以使用离线功能访问和存储安全数据。

8.6.3　公共网络组件

边缘服务使用 Wi-Fi 或移动服务供应商网络将移动设备及其应用程序连接到移动网关，包括以下内容：

- 域名系统服务器
- 防火墙
- 负载均衡器
- CDN

移动服务供应商网络拥有或控制向终端用户销售和提供服务所需的元素。这些通常包括无线电频谱(http://en.wikipedia)配置、无线网络(http://en.wikipedia.org/wiki/wireless_network)基础设施、回程(http://en.wikipedia.org/wiki/backhaul)基础设施、计费、客户服务、供应(http://en.wikipedia.org/wiki/Provisioning)计算机系统、营销和维修机构。

8.6.4　云供应商组件

移动网关是从移动应用到特定于移动解决方案服务的切入点，还可以使用数据服务和企业用户目录。移动网关可以使用跨所有渠道的公共网关实现为 API 生态系统，包括以下内容：

- 身份验证/授权
- 执行策略
- API/调用分析
- API/反向代理

移动后端为移动应用提供运行时服务，以实现服务器端逻辑、维护数据和使用移动服务。移动后端提供了运行应用程序逻辑和 API 的环境。在这里，应用程序逻辑可以与企业网络和驻留在服务供应商外部的其他应用程序通信，包括以下内容：

- 应用程序逻辑/API 实现
- 移动应用运维分析
- 推送通知
- 位置服务
- 移动数据同步

- 移动应用的安全性

移动设备管理(Mobile Device Management，MDM)管理移动设备，并提供跟踪企业所有设备的服务，另外还管理连接到公司网络的设备。MDM 包括以下内容：

- 企业应用分布
- 移动设备的安全性
- 设备管理
- 设备分析

移动业务应用程序是在移动设备上开展业务所需的企业或行业特定功能。这些可以提供企业应用程序和数据的网关，并可能包括跟踪使用情况的分析组件。它们包括以下内容：

- 邻近服务和分析
- 活动管理
- 业务分析和报告
- 工作流/规则

API 管理用于广告的服务端点，并提供 API discovery、目录、连接到管理功能的 API 以及服务实现(如 API 版本控制)。功能如下：

- API discovery/文档
- 管理

数据服务能够以适合快速访问的形式存储和访问数据，这可能包括企业数据的摘录。数据服务可以包括以下内容：

- 移动应用数据/NoSQL
- 文件存储库
- 高速缓存

这还可以保护数据并实现在所有环境中提供可操作的情报的安全性所需的可见性，包括以下内容：

- 身份和访问管理
- 数据和应用程序保护
- 情报的安全性
- 企业转型与互联互通
- 企业安全连接
- 迁移

8.6.5　企业网络组件

企业网络组件为企业的业务服务提供后端连接，包括以下内容：

- 企业用户目录

- 企业数据
- 企业应用程序

8.7　企业社会协作

企业社会协作架构处理支持企业社会平台的服务，还包括数据和服务集成所需的内部和外部扩展点。这些功能可以应用于模块中。在定义最终的系统架构时，社会协作平台和本地系统之间的接口非常重要。

用于企业社会协作的云客户参考架构

下面将介绍用于企业社会协作的云客户参考架构。

1. 架构概述

图 8.5 描述了企业社会协作的元素。

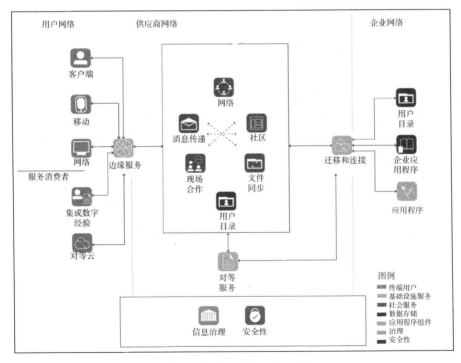

图 8.5　企业社会协作的元素

2. 用户网络

用户网络允许终端用户与云服务进行交互。这些服务分为桌面(客户端)应用、移动应用和 Web 应用。终端用户输入对企业社会协作服务的请求，并在处理完成后接收结果。服务还可以包括终端用户的交互，重点是社交网络之间的交互：

- Web 应用(通过 Web 浏览器)
- 移动应用
- 桌面的"富客户端"

3. 服务消费者

终端用户可能并不总是通过用户网络与企业社会协作服务直接进行交互。它们还可以通过其他应用程序接口来使用服务。服务消费者将此描述为终端用户通过以下模式间接消费并对企业社会协作服务做出贡献。

- 集成数字体验，是一种为用户提供吸引人的、个性化的、相关且有意义的数字集成功能，主要功能包括：
  - 内容
  - 数字通信
  - 社会活动
  - 统一检索
  - 个性化
  - 分析
- 用于核心业务流程或满足即时需求的对等云服务也可能需要使用来自企业社会协作服务的内容、服务和接口，这些服务可能包括以下内容：
  - 软件即服务(SaaS)
  - 云服务(API)
  - 平台即服务(PaaS)

4. 供应商网络

边缘服务向终端用户提供连接选项，并提供允许互联网、云供应商和企业之间安全数据流所需的功能。该领域主要有以下功能：

- **域名系统(DNS)**
- CND
- 防火墙
- 负载均衡器

企业社会协作服务代表使用安全的社会应用程序进行协作信息交换。此功能可以融合集成的用户体验，融入业务流程，与其他应用程序集成，并与其他体验汇总。该领域主要有以下功能：

- 网络

- 社区
- 文件同步
- 实时协作
- 消息传递
- 用户目录

作为实施的一部分，可以使用对等云服务以便提供由外部解决方案提供的功能。这些还可以集成到企业社会协作服务中，并托管在云供应商手中。对等云服务依赖于云供应商的云治理和安全模型，它们可以提供以下服务。

- **扩展功能**：将功能体验集成到企业社会协作服务体验的已定义的扩展点中。
- **增强的体验**：现有企业社会协作服务的附加工具和扩展。
- **基础服务**：加强企业社会协作服务的基本功能。

信息治理组件通过关注管理对功能的访问和信息共享的过程，确保组织策略的实施。这些通常包括以下内容：

- 登录/加载审批流程
- 遵守法律
- 合规性(PII、PCI、HIPPA、FINRA、FedRAMP 等)
- 审计报告
- 数据丢失保护
- 公司政策

5. 安全性

作为集成套件，企业社会协作可能需要解决一些独特的安全问题。

需要对服务进行身份验证，以确保只有经过授权的用户才能访问数据、工具和应用程序，同时阻止未经授权的访问。同步企业用户目录有助于将本地环境扩展到云。企业社会协作服务可以提供下列便利：

- on-/off boarding(在身份和访问管理系统中对员工进行添加和删除)。
- 用户批量供应和更新。
- 用户通过管理工具进行供应。

身份管理使用**单点登录(Single Sign-On，SSO)**来保护跨网络的用户凭据传输。使用 SSO，授权用户无需其他身份验证即可使用不同的应用程序。

安全断言标记语言(Security Assertion Markup Language，SAML)用于促进 SSO 与其他各方或企业用户目录的协作。SAML 是一种广泛使用的标准，利用已签名的断言文档而不是密码作为身份凭证。客户在内部维护 Web 应用程序资源的密码，以帮助企业执行以下操作：

- 管理密码要求。
- 管理双因素身份验证需求。

- 设置密码更改间隔。
- 使用**开放授权协议(Open Authorization，OAUTH)**，OAUTH 支持 Web 应用程序、桌面应用程序和第三方扩展。这是一种用于 API 授权的开源方法。

数据的安全性确保只有经过授权的用户才能安全访问客户数据。这需要保护相关数据免受服务漏洞和数据中心的物理破坏。安全性要求分层使用与标准 CSP 过程相结合的技术。这些措施包括以下内容：

- 平台和流程。
- 针对每个版本的安全检查表。
- 遵守正在进行的自动健康检查的安全性。
- 数据中心。
- 冗余系统用于防止在提供服务时出现单点故障，包括应用程序、电源、网络等。
- 监控物理环境，包括记录人员活动。
- 访问控制和防火系统。
- 网络和基础设施防御。
- 分层的防火墙基础设施。
- 部署网络入侵检测。
- 人的流程。
- 职责划分。
- 活动的隔离，包括对代码库具有更改访问权限的人员以及具有运维配置控制权限的人员。
- 审查部署前的代码。
- 定期进行道德黑客渗透测试。
- 审计日志和安全相关事件的分析。
- 数据隐私和数据所有权政策。
- 加密和电子邮件的安全性。
- 传输中的数据。
- 静态数据。
- 应用程序和服务器级别的实时防病毒。
- 电子邮件的反垃圾保护。

迁移和连接可以确保到后端企业系统的安全连接，这还可以进行数据过滤、聚合、修改或重新格式化。该领域主要包括以下功能：

- 企业安全连接
- 迁移
- 企业数据迁移
- 提取、转换和加载

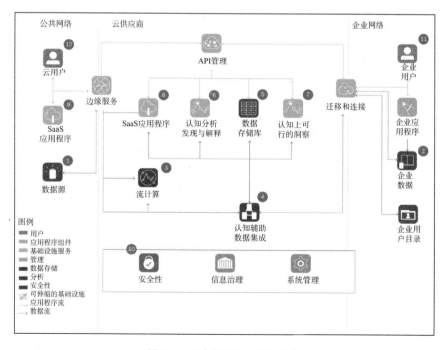

6. 企业网络

企业网络包含内部系统组件。虽然企业社会协作服务和企业应用程序之间的集成可能不是必需的，但是一些用例可能需要。服务内容包括：

- 企业用户目录
- 企业数据

企业应用程序是实现业务目标的现有应用程序。这些程序可能还需要与云服务进行交互。

8.8　大数据分析

大数据分析(Big Data Analytics，BDA) 用来建立竞争优势、推动创新、提高收入，为数据分析提供了一种经济有效的基于云的解决方案。随着大数据的重要性日益增加，企业正努力从这些数据中获得有意义的见解。这对于实现及时响应实际业务需求的能力至关重要。

图 8.6 演示了 BDA 环境的经简化的企业云架构，包含三个网络区域：公共区域、云供应商和企业网络。

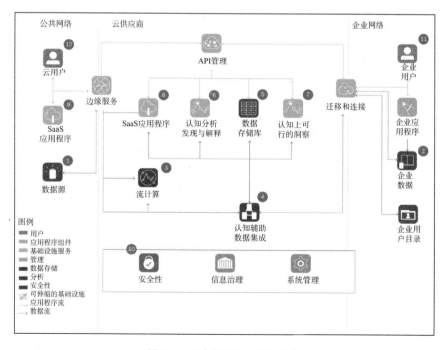

图 8.6　云中的 BDA 解决方案

这种架构类似于数据湖部署。使用结构化和非结构化数据作为数据源。通过数据集成和流计算引擎对数据进行分级和转换，之后存储在各种存储库中。还可以对数据进行扩充、转换、关联和汇总，直到最终通过 API 提供给消费者。机器学习和自然语言处理等认知计算技术也可用于自动化提取、集成、发现和探索。

这种架构方式适用于整个分析生命周期，可以作为 DevOps 环境的数据湖解决方案来应用。后者是通过向存储在服务目录中的企业数据存储库描述添加元数据和语义定义来实现的。然后，使用治理分类、规则和策略对这些目录条目进行扩展，这些治理分类、规则和策略在数据流入、流出和通过数据湖时自动进行数据管理。下面对每个必需的组件进行总结。

8.8.1 公共网络组件

公共网络包含云用户、SaaS 应用程序、数据源和边缘服务。

云用户通过网络连接到分析云解决方案。人类和非人类用户可以代表以下一个或多个角色：

- 知识工作者和公民分析师
- 数据科学家
- 应用程序开发人员
- 数据工程师
- **首席数据官(Chief Data Officer，CDO)**

所有不同的角色都具有以下共同特征：

- 需要自助服务。
- 需要访问完成分析任务所需的大量数据，并具有相关的数据质量和来源指标。
- 需要多种工具和能力，这些工具和能力可能是开源的，并且可以通过按需服务使用。
- 需要协作。

数据源可以是外部的、公共的和多种多样的，典型的大数据系统中包含多个信息源。高速、数量、多样性和数据不一致是常态。边缘服务也可能是必需的。数据源通常包括以下内容：

- 机器和传感器
- 图像和视频
- 社会
- 网络数据集
- 天气数据
- 第三方

边缘服务允许数据安全地从互联网流向数据分析处理系统。在进入云供应商的数据集成或数据流服务点之前，数据流还可能需要**域名系统(Domain Name System，DNS)**服务器、CDN、防火墙和负载均衡器服务。

8.8.2　云供应商组件

云供应商提供分析解决方案并托管所需的组件。这些功能用于为分析、存储和结果处理准备数据。云供应商组件包括以下内容：

- API 管理
- 数据存储库
- 流计算
- SaaS 应用程序
- 认知辅助数据集成
- 认知分析发现与解释
- 迁移和连接
- 认知上可行的洞察

数据访问组件用于表示与数据存储库交互的许多功能。这项服务符合客户查阅资料的需要，并包括下列服务：

- 数据访问
- 数据虚拟化
- 数据联合
- 开放 API

流计算用于从输入(如传感器、消息传递系统和实时反馈)提取和处理大量高度动态、时间敏感和连续的数据流。传统的数据处理模型不能满足低延迟或实时流应用程序的要求。具体包括以下功能：

- 流分析
- **复杂事件处理(Complex Event Processing，CEP)**
- 数据浓缩
- 实时提取

认知辅助数据集成组件处理数据的捕获、鉴定、处理，并将数据移动到分析数据湖存储库中。在这里，与使用数据访问组件的认知发现与解释以及认知上可行的洞察组件共享。可以使用诸如机器学习和自然语言处理的各种认知技术来自动化数据提取和集成。数据集成功能包括以下内容：

- 批量提取
- 更改数据捕获
- 文件解释及分类
- 数据质量分析

数据存储库是一组安全的位置，用于在分析工具和终端用户使用数据之前存储数据。数据存储库是分析环境的核心。运维和事务数据存储(如 OLTP、ECM 等)不是数据存储库的一部分。数据仓库类型包括以下内容：

- 着陆区和数据归档
- 历史
- 深度探索性分析
- 沙箱
- 数据仓库和数据集市
- 预测分析

认知发现与解释组件使终端用户能够使用现代数据科学技术与复杂的数据存储库协作并轻松地进行交互。它们还具有跨结构化和非结构化内容进行语义搜索的功能，以便收集新的洞察并获得完整的数据本体视图。

在功能上，这些规定如下：

- 数据科学
- 搜索和调查/购买数据

认知上可行的洞察组件内聚性地分析来自多个数据源的数据，以便为业务获得有意义和可行的洞察。使用的技术包括：

- 可视化和故事板
- 报告、分析和内容分析
- 决策管理
- 预测分析和建模
- 认知分析
- 洞察即服务(Insight as a Service)

云供应商 SaaS 应用程序通常用于启用、管理或增强以下功能：

- 客户体验
- 新的商业模式
- 财务业绩
- 风险
- 欺诈和准备
- IT 经济

迁移和连接组件确保与后端企业系统的安全连接，同时还支持数据过滤、聚合、修改或重新格式化，包括以下功能：

- 企业安全连接
- 迁移
- 企业数据连接

8.8.3　企业网络组件

企业网络是随需应变系统和用户所在的位置，包括企业用户和企业应用程序，还包括企业数据，并保存企业数据的元数据以及企业应用程序的记录系统。可以直接流向数据集成或数据存储库，包括以下内容：

- 参考数据
- 主数据
- 事务数据
- 应用程序数据
- 日志数据
- 企业内容数据
- 历史数据
- 归档数据

企业用户目录包含云用户和企业用户的用户配置文件。用户配置文件提供登录账户和访问控制列表。安全和边缘服务以此管理数据访问。

在整个环境中交互的无处不在的服务包括以下内容。

信息管理和治理组件为关键的业务数据维护可信、标准而准确的视图，包括以下内容：

- 数据生命周期管理
- 主数据和实体数据
- 参考数据
- 数据目录
- 数据模型
- 数据质量规则

8.8.4　安全组件

安全组件保护数据，并具有以粒度级别屏蔽/隐藏数据的能力，还包括以下功能：

- 数据的安全性
- 身份和访问管理
- 基础设施的安全性
- 应用程序的安全性
- DevOps 的安全性
- 监控及情报的安全性
- 治理的安全性

系统管理是指为计划、设计、交付、运维、控制 IT 和基于云的服务而执行的所有活动，这些活动通常由**服务水平协议(SLA)**处理。

8.9 区块链

区块链技术的特点在于通过不可变的分布式账簿访问分散的加密安全网络。这种架构允许通过对等复制来共享电子分类账簿。每次提交事务块时，都会更新电子分类账簿。这种技术可以从根本上改变业务的执行方式和事务的处理方式。借助区块链技术，参与者可以跨地理边界参与透明的业务事务。

从业务的角度看，区块链是一种交换网络，可促进愿意参与和彼此同意的参与者之间转移价值、资产或其他实体，从而确保隐私和对利益相关者的数据控制。

从法律角度看，区块链分类账簿事务是一种有效的、无可非议的事务，不需要中介机构或可信的第三方法人实体。

从技术角度看，区块链是一种复制的分布式事务分类账簿，其中的分类账簿条目引用其他数据存储。加密技术确保网络参与者只看到与他们相关的分类账簿部分，并且在许可的业务区块链的上下文中，事务是安全的、经过身份验证的，并且是可验证的。

图 8.7 展示了参与区块链架构所需的典型节点功能，并描述了三个网络——公共网络、云网络和企业网络。功能位置代表行业最佳实践，但任何功能都可以根据解决方案的要求在任何网络中实现。

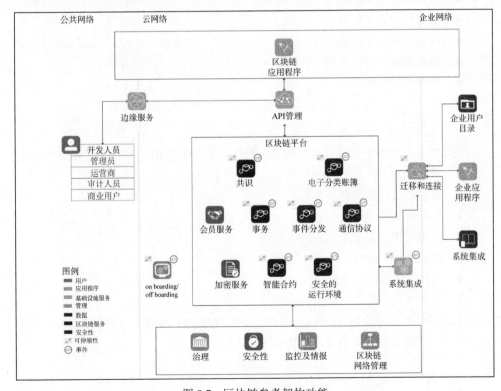

图 8.7 区块链参考架构功能

1. 公共网络

公共网络包括广域网对等云系统和边缘服务。边缘服务允许数据安全地从网络流向云供应商和企业。边缘服务支持终端用户应用程序，包括以下功能：

- 域名系统服务器(Domain Name System Server，DNSS)
- CDN
- 防火墙
- 负载均衡器

用户是创建和分发区块链应用程序的区块链参与者。使用区块链执行的操作可能包括以下人员：

- 开发人员
- 管理员
- 运营商
- 审计人员
- 商业用户

2. 云网络

区块链应用程序向区块链系统终端用户提供业务功能。应用程序还可以为具有不同角色的其他用户提供服务。区块链应用程序可以是 Web 服务或终端用户设备应用程序，也可以连接到服务器端应用程序服务。这些应用程序和服务使用平台 API 进行交互。如果需要实现功能，应用程序还可以访问其他资源，比如数据库。

API 管理功能发布目录和更新 API，使开发人员和终端用户能够利用现有数据、分析和服务的发现和重用来快速组装解决方案。区块链应用程序通过使用区块链编程接口与区块链网络连接。

区块链平台通过区块链网络节点或企业支持基本功能。虽然每个区块链平台的实现方式不同，但应该考虑的核心功能如下：

- 共识
- 电子分类账簿
- 会员服务
- 交易
- 事件分发
- 通信协议
- 加密服务
- 智能合约
- 安全的运行环境

典型的系统集成方法包括 API 适配器以及区块链平台与企业内部系统的**企业服务总线(Enterprise Service Bus，ESB)**。

迁移和连接功能支持到后端企业系统的安全连接。当在云、区块链组件和企业系统之间移动时，还提供过滤、聚合、数据修改或数据重新格式化功能。包括以下功能：

- 企业安全连接
- 迁移

3. 企业数据连接

企业网络提供企业用户目录、企业应用程序和企业数据。企业数据包括元数据以及企业应用程序的记录系统。与区块链相关的企业数据包括以下内容：

- 事务数据
- 应用程序数据
- 日志数据

4. 区块链服务

区块链基础服务包括：

- 治理
- 安全性
- 监控和情报

区块链网络管理组件提供了对所有区块链网络操作的可见性，这种可见性包括业务流程、性能和容量数据指标，另外还提供了用于更改配置和其他参数的管理接口。

其他重要的区块链概念包括权限选项：

- 无许可网络对任何参与者开放。事务根据预先存在的网络规则进行验证。任何参与者，甚至匿名参与者，都可以查看分类账簿事务。
- 被许可的网络仅限于对业务网络中的参与者开放。参与者只能查看与他们相关的事务，并且只能执行他们被允许执行的操作。

当使用区块链时，只有少量的事务数据直接存储在区块链分类账簿中。其他事务单独存储，但由条目引用。这种方法避免了用大量数据淹没区块链分类账簿。存储选项包括以下内容：

- 分类账簿存储
- 数据存储

区块链交互选项多种多样，包括以下内容：

- **命令行接口(Command Line Interface，CLI)**
- 客户端 SDK
- **软件开发工具包(SDK)**

8.10 物联网架构

物联网将物理实体(事物)与 IT 系统连接起来，以获取信息，这些信息用于驱动多个应用程序和服务。由于物联网涵盖了从传统不同社区集成系统的应用程序，因此它们必须具有能够满足许多独特需求的架构。

物联网系统包括用于收集物体和人类活动信息的传感器。它们还可以监控作用于其他物理对象的执行器。独特的物联网架构具有表 8.1 所示的特点。

表 8.1　物联网架构的特点

特点	描述
可伸缩性	连接到系统的传感器和执行器的数量、连接它们的网络、与系统相关的数据量、数据移动速度和所需的处理能力
大数据	从挖掘现有数据中收集新洞察的能力
云计算	在数据存储和可伸缩处理方面使用大量资源
实时	实时数据流支持和基于连续事件流生成及时响应的能力，还需要同时检测和避免使用损坏的数据
高度分布	广泛分布的设备、系统和数据
异构系统	异构设备集，包括传感器和执行器、网络类型和各种处理组件
安全性和隐私	数据保护与重大数据隐私保护相结合
合规性	跨特定行业、部门和垂直领域的合规性
集成	能够连接到现在运维的技术系统，如工厂系统、建筑控制系统和其他物理管理系统

图 8.8 展示了使用云计算支持物联网的功能和关系。

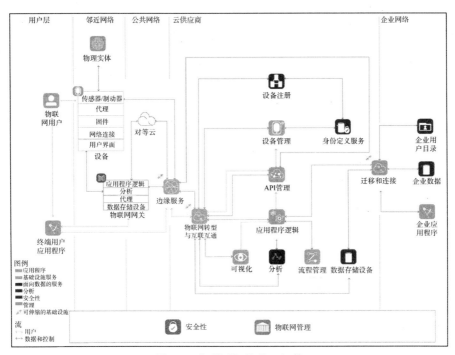

图 8.8　物联网架构的云组件

物联网架构的云组件通常位于由边缘层、平台层和企业层组成的三层架构中。

邻近网络和公共网络处于边缘层。在这里，数据被接收并传输到用户设备。数据通过物联网网关或边缘服务流入 CSP。

云供应商位于平台层。供应商接收、处理和分析数据流。CSP 提供 API 管理和可视化功能，还可以启动控制命令。

企业网络表示企业层，由企业数据、企业用户目录和企业应用程序组成。

物联网系统根据时间尺度和数据集，在多个位置使用应用逻辑和控制逻辑。有些代码可能直接在物联网设备或网关上执行。边缘计算或雾计算用于代码在物联网网关或设备中执行的情况。

物联网用户和终端用户应用程序位于用户层。邻近网络具有与物联网系统物理实体交互的所有物理实体。物理实体是传感器测量或执行器行为的主体。

设备包括传感器和执行器。附加的网络连接支持与扩展的物联网系统进行交互。设备也可以是被传感器监控的物理实体。其他重要组件包括传感器/执行器、代理和固件。

网络连接提供从设备到物联网系统的连接，通常具有低功耗和低量程的特点，以降低功耗要求。其他通信机制可以包括蓝牙、**蓝牙低功耗(Bluetooth Low Energy，BTLE)**、Wi-Fi 或使用 2G、3G 和 4G LTE 的广域网。用户界面支持用户与应用程序、代理、执行器和传感器的交互。

物联网网关将设备连接到公共网络。如果设备的网络连接有限，那么本地物联网网关就可以实现所需的通信。物联网网关还可以过滤和响应数据。物联网网关包含以下内容：

- 应用程序逻辑
- 分析
- 代理
- 数据存储设备

1. 公共网络

公共网络包括广域网、其他云系统和边缘服务。大型物联网系统可以结合一系列较小的物联网系统，每个系统都针对解决方案的特定部分。这些系统的集合包括其他云之间的连接。

边缘服务支持安全的数据流进入 CSP 和企业网络。其中包括以下内容：

- 域名系统服务器
- CDN
- 防火墙
- 负载均衡器

2. 云供应商

CSP 提供核心的物联网应用和服务，包括数据存储、分析、物联网系统流程管理和数据可视化。物联网架构的迁移和连接组件提供了所有物联网设备之间的安全连接，必须处理和转换大量消息，并将它们路由到正确的解决方案组件。迁移和连接组件包括以下内容：

- 安全连接
- 可伸缩的消息传递
- 可伸缩的转换

应用程序逻辑包含核心应用程序组件，这些组件协调物联网设备数据处理和其他支持用户应用程序的服务。通常使用基于事件的编程模型。应用程序逻辑可以包括工作流和控制逻辑。

可视化有助于用户探索和交互。可视化功能包括以下内容：

- 终端用户 UI
- 管理 UI
- 指示板

分析用来发现和传达有意义的物联网数据信息模式。这些模式用于描述、预测和改善业务性能。物联网的功能包括以下内容：

- 分析数据存储库
- 认知
- 切实可行的洞察
- 流计算

关键的组件是设备数据存储，用来存储来自物联网设备的数据，以便可以与其他流程和应用程序集成。设备可以生成大量的实时数据，这需要弹性的、可伸缩的设备数据存储。设备管理用于有效地管理和将设备安全可靠地连接到云。设备管理还包括配置、远程管理、软件更新、设备远程控制和设备监控。

迁移和连接组件支持到企业系统的安全连接，以及在云和物联网系统组件之间移动时进行过滤、聚合或修改数据及数据格式的能力。迁移和连接组件包括以下内容：

- 企业安全连接
- 迁移
- 企业数据连接

3. 企业网络

企业网络托管特定于业务的企业应用程序，其中包括企业数据、企业用户目录和企业应用程序。关键的物联网应用可能包括客户体验、财务业绩、运营和欺诈。

4. 安全性

在物联网部署中，安全性和隐私性总是需要同时处理信息技术(Information Technology，IT)、安全和操作技术(Operation Technology，OT)安全元素。对安全性的关注程度因应用程序环境、业务模式和风险评估而异。

在确保物联网解决方案方面存在许多挑战。必须使用监督和程序来确保有一种手段和机制来解决新的漏洞及威胁。物联网系统的一个重要区别是，攻击和故障有可能对人类、财产和环境造成严重危害。此外，设备通常被安装在无法更改或更换的地方。因此，在设计和部署物联网系统时必须考虑到强有力的变更/更新/修改治理。云供应商组件也可能随时间而变化。必须建立适当的治理，以确保同时处理对这些组成部分的更改。

8.11　混合集成架构

IT 环境现在通常是混合的。按照现代数字创新计划的步伐，在不断变化的环境中进行集成是一项重大挑战。这使得混合集成的平台至关重要。混合云集成方案包括：

- 在基于云的 CRM 系统和本地企业资源规划(Enterprise Resource Planning，ERP) 应用程序之间查看客户信息。
- 基于云的人力资本管理系统和后台应用程序之间的员工数据集成。

混合集成架构探索了在涉及这些问题的企业中观察到的这些和其他常见模式，解决了以下问题。

- **连接性**：将系统和设备与其他系统和设备连接。这种集成可能需要到**记录系统(Systems of Record，SoR)** 的低级连接，并且还需要利用云原生系统。
- **部署**：现代系统部署在广泛的环境中，因此，附带的集成组件必须具有灵活的部署选项。组件还应该能够直接在裸金属、虚拟机或容器中运行。
- **角色**：IT 可以作为双模态或多模态运行，其中独立的团队以不同的速度工作。集成需要处理速度不同这一问题。因此，混合集成扩展到 IT 组织商业用户以及可能与业务保持一致的"影子 IT"部门。复杂的集成现在是协作的，API 成为许多不同团队之间协作的基石。
- **样式**：可以将企业集成与 API、事件和数据相结合，以创建无缝的业务流程和流。

混合集成架构如图 8.9 所示。

混合集成为应用程序提供了一个无缝平台，可以交换使用服务，从而提供端到端的、全面的关键任务业务功能。混合集成架构有三层：

- 公共网络

- 云供应商网络
- 企业网络

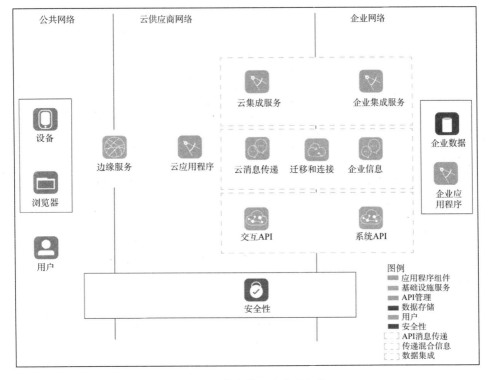

图 8.9　云客户的混合集成架构

8.11.1　公共网络组件

公共网络包含驻留在云供应商网络中的用户访问应用程序。可以通过浏览器或移动本地应用访问它们。边缘服务包括通过互联网向用户提供功能和内容所需的工具，包括以下内容：

- DNS 服务器
- CDN
- 防火墙
- 负载均衡器

8.11.2　云供应商网络组件

云供应商网络拥有许多关键的应用程序和 API 服务。云应用程序组件表示在云环境中设计和开发的云原生应用程序。这些应用程序通常使用现代技术，如微服务架构、轻量级运行时、容器技术和 DevOps 方法。应用程序的服务通常使用 API，并且可能需要通过 API 调用、消息传递和数据集成服务访问来自其他系统的数据。

交互 API 提供对企业功能的访问。它们由业务线维护，并由较低层的系统 API 组成。这些 API 是由业务主导的，可以对外公开，甚至可以使用基于使用情况的融资模型来货币化，是进入企业网络的 API 网关。交互 API 还会公布云应用程序可以访问的可用服务端点，提供 API discovery、目录和连接(用于服务实现和管理功能，比如 API 版本控制)。

云消息传递通过企业网络提供快速、可伸缩、高吞吐量的事件传递服务，支持多个开放事件协议。还应该抽象出企业消息传递的所有专有的非标准协议。这个组件是进入企业网络的事件网关，应该能够执行以下操作：

- 启用大规模的消息处理
- 支持微服务框架和事件驱动的应用程序
- 传递混合消息
- 执行批处理和实时分析
- 加速应用程序和数据集成

云集成服务提供快速、简单、灵活的集成功能。与传统的**企业应用程序集成(Enterprise Application Integration，EAI)**和 ETL 解决方案不同，该组件提供具有目标功能的简单集成工具。通过配置而不是通过编写软件代码来完成定制。该组件是企业网络中进入 SoR 的网关，包括以下内容：

- 准备/移动数据到云
- 扩展业务操作
- 访问主机数据和服务
- 维护应用程序之间的数据一致性
- 将本地应用程序和数据连接到云

迁移和连接组件支持安全的企业连接，包括以下功能：

- 企业安全连接
- 迁移
- 企业数据连接

8.11.3 企业网络组件

企业网络包含遗留应用程序、数据和 API。系统 API 允许访问企业应用程序和数据。它们由企业 IT 团队维护，通常是较低级别的细粒度 API。多个交互组件可能使用这些 API 来组成更高级别的功能。企业网络组件还提供 API discovery、目录连接(用于服务实现和管理功能)。

企业消息传递是云消息组件进入企业的主要消息传递接口，执行以下操作：

- 提供安全可靠的消息传递

- 支持异构应用平台
- 提供高性能和可伸缩的消息传输
- 提供简化的管理和控制

企业集成服务描述了广泛的集成功能，包括企业数据仓库(ETL)系统、应用程序集成组件和业务流程管理系统。这是云集成服务组件进入企业的主要集成接口，执行以下操作：

- 准备/移动数据到云
- 扩展业务操作
- 访问主机数据和服务
- 维护应用程序之间的数据一致性
- 将本地应用程序和数据连接到云

企业应用程序是在现有企业系统中运行企业业务流程和逻辑的应用程序，而企业数据代表企业中现有数据的事务数据或数据仓库。

混合集成架构的安全性需要满足以下要求：

- 数据完整性
- 威胁管理
- 解决方案合规性

功能包括以下内容：

- 身份和访问管理
- 保护数据和应用程序
- 情报的安全性

8.12　本章小结

本章为一些关键的现代业务解决方案提供了基本架构。它们旨在成为读者可能负责部署的有效解决方案的起点。虽然解决方案并不像文档中描述的那样易于部署，但是它们确实为交付解决方案的团队提供了指导，并以行业最佳实践提供了建议。当在解决方案交付团队中协同使用时，这些参考架构几乎将加速和改进所有解决方案的设计工作。

第9章

云环境的关键原则和虚拟化

设计云计算解决方案不是将相同的企业数据中心设计移植到另一个平台上。为了正确地利用高度自动化和动态的云计算平台，架构师必须利用环境的灵活性和可伸缩性来提高运维效率和经济效益。本章介绍完成该任务的基本方法，修改数据中心架构设计以利用这些方法将是实现云迁移的关键。

本章将涵盖以下主题：

● 弹性基础设施
● 弹性平台
● 基于节点的可用性
● 基于环境的可用性
● 技术服务消费模型
● 设计平衡
● 虚拟化

9.1 弹性基础设施

弹性基础设施使用自助服务接口提供预配置的虚拟机服务器、存储服务和网络连接，如图 9.1 所示。这种类型的基础设施为规定的服务级别提供了适当数量的动态调整的 IT 资源。作为 IaaS 服务的核心功能，弹性基础设施支持动态配置和取消配置服务器、磁盘存储和网络连接，提供对资源利用率的实时监控，以支持所有相关管理任务的自动化并进行跟踪计费。

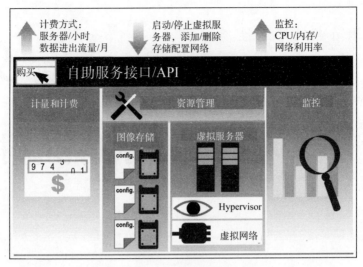

图 9.1 弹性基础设施

9.2 弹性平台

提供共享资源是云计算的一个基本特性。共享可实现与云相关的规模经济。弹性平台将资源共享扩展到操作系统和中间件，通过提高这些资源的利用率来增强规模经济，如图 9.2 所示。此 PaaS 服务在共享中间件平台上为各种客户提供应用程序组件。由服务供应商维护的环境也称为**集成开发环境(Integrated Development Environment，IDE)**。客户使用自助服务界面构建自定义应用程序组件并部署到中间件平台，实现了资源共享和自动化中间件管理。

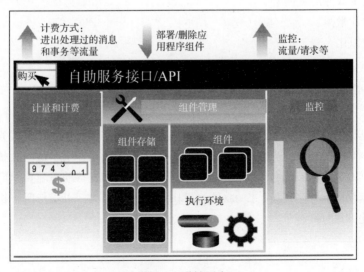

图 9.2 弹性平台

9.3　基于节点的可用性

当服务供应商提供弹性基础设施或弹性平台时，将根据产品必须满足的条件和确保服务可用性的时间范围来定义服务可用性。这两个因素可以计算托管应用程序的可用性。通过基于节点的可用性，服务供应商保证每个应用程序组件的可用性。

可用性通常被定义为可访问的，并且能够执行其所宣传的功能。可用性的时间范围用百分比表示。例如，99.95%的可用性意味着组件在 99.95%的时间内都是可用的，如图 9.3 所示。

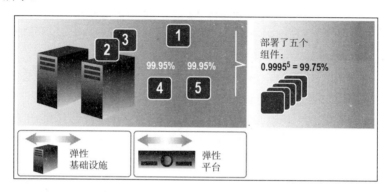

图 9.3　可用性示例

9.4　基于环境的可用性

当使用基于环境的可用性时，云供应商将弹性基础设施或弹性平台的可用性表示为整体。通过以这种方式沟通可用性，客户能够更好地匹配终端用户表达可用性的通常方式。图 9.4 显示了至少配置一次的组件或虚拟服务器的可用性，以及在第一个元素失败时提供替换的能力。

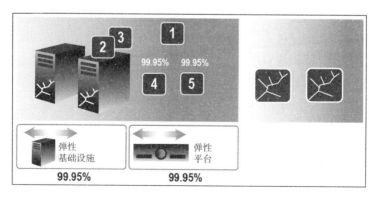

图 9.4　基于环境的可用性示例

9.5   技术服务消费模型

IT 服务消费是采用 OPEX 支出经济模式的产业的核心，强调了快速增长的需求、不断发展的技术和支持 IT 的商业模式之间的交集。它不再只是成本中心，而是允许以前不可能的业务流程和事务。这种从传统 IT 模型到按使用情况付费的转变，避免了直接购买设备以及运维相关的所有费用。如今，由于技术和消费者需求的快速变化，设备采购模式风险大且成本高。

现在有很多云计算选项。它们可以采用完整的私有云战略，使用公有云中的单个企业应用程序，或者采用混合路由和特定于源代码的服务资产作为传统数据中心解决方案的补充。成功的 IT 组织必须应对动态的云服务供应商环境，这种环境可以提供前所未有的选择。

IT 和商业领导者必须共同构建 IT 服务消费模式。参与时，IT 组织必须具有灵活性和商业模式的感知能力。以前普遍采用的强制技术设备和使用的方法已不再可行。然而，面对这种变化，IT 仍然必须在企业 IT 消费的所有阶段保持中心角色。IT 团队必须成为 LOB 技术服务的可靠代理商，担负关键的中介和协调者角色，管理服务、采购和交付，此外还将提供技术支持和 IT 安全。

转变消费模式需要执行以下操作：

- 采用一种可以整合 IT 和企业财务管理战略的方式，同时通过跨传统基础设施以及公有云、私有云和混合云的基于消费的流程满足用户需求。
- 实现企业范围的财务和运维控制。
- 灵活的 IT 规划和治理，可测量使用情况并捆绑到与业务相关的 IT 服务目录中，进而改善 LOB 资源的可见性和优化选择。
- 使用一致且可重复的过程来及时捕获消费数据。
- 使用数据简化发票和收入认定。
- 将报表视图直接连接到资源使用情况和事务所有者。
- 使用固定、可变、分级、计划和资源状态定价功能。
- 具有跟踪详细使用情况和成本的能力，这也可以在粒度级别上显示客户成本。
- 建立警报，捕捉和分析数据，比较整个企业中分配和使用的容量、使用趋势和预测的使用情况。

9.6   设计平衡

在设计云计算解决方案时，目标是在四个特定的组织准则之间取得平衡：

- 经济目标

- 运维目标
- 技术的兼容性
- 企业管理(风险)

云解决方案架构师必须理解、尊重并记录这些准则。这些准则将为你遇到的每一次谈话和会面设置障碍、界限和期望。每个人都想要这一切，但最艰巨的工作是开发、呈现和解释数据，并最终达成妥协和一致。

9.7　虚拟化

虚拟化可实现与云计算相关的高利用率和高效率。可以通过计算堆栈使用这种技术。本节将帮助架构师了解使用计算、网络、数据和应用程序进行虚拟化所需的背景知识。

9.7.1　计算虚拟化

Hypervisor 支持在不同的应用程序之间共享底层物理硬件。Hypervisor 还将硬件抽象为虚拟化的实例，从而减少应用程序对特定物理服务器的依赖。这允许在同一物理服务器上安装各种操作系统和中间件，同时保持与**中央处理单元(Central Processing Unit，CPU)**、内存、磁盘存储和网络等资源的隔离如图 9.5 所示。

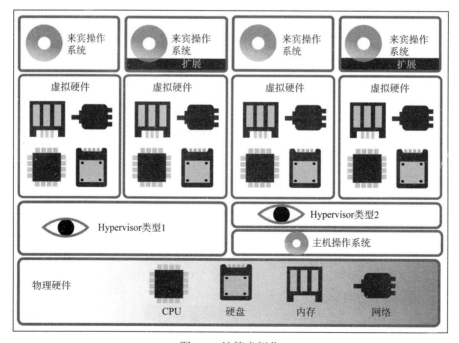

图 9.5　计算虚拟化

Hypervisor 也称为虚拟机监控器**(Virtual Machine Monitor，VMM)**，可以是软件、固件或硬件。Hypervisor 管理来自虚拟机的请求。

Hypervisor 有两种类型：

- Hypervisor 类型 1 直接在裸金属物理服务器上运行，有时被称为裸金属、嵌入式或本机 Hypervisor，可以直接访问硬件。这种类型的 Hypervisor 不使用预加载的操作系统。完全独立于操作系统的 Hypervisor 很小，可以监控运行在它上面的操作系统。在虚拟机或来宾操作系统中出现的任何问题都不会影响其他正在运行的操作系统。广泛使用的此类 Hypervisor 有 VMware vSphere/ESXi、XenServer、Red Hat Enterprise Virtualization (RHEV)、开源且基于内核的虚拟机(Kernel-based Virtual Machine，KVM)和 Microsoft Hyper-V。
- 与任何其他应用程序一样，Hypervisor 类型 2 加载在操作系统中。操作系统管理它们，虚拟机比类型 1 的 Hypervisor 更慢。这类 Hypervisor 也称为托管的 Hypervisor，所有操作都完全依赖于主机操作系统。安装在操作系统中的 Hypervisor 类型 2 还可以支持其他操作系统。尽管基本的操作系统可以允许更好的战略规范，但是主机操作系统中的任何安全漏洞都会影响整个系统，包括正在运行的 Hypervisor。广泛使用的此类 Hypervisor 有 VMware Workstation、Microsoft Virtual PC、Oracle VirtualBox 和 Parallels。

Hypervisor 类型 1 主导了服务器市场，而 Hypervisor 类型 2 主要用于客户端。然而，客户端设备上运行的 Hypervisor 类型 1 正在获得市场吸引力以支持**虚拟桌面基础设施(Virtual Desktop Infrastructure，VDI)**解决方案。

9.7.2 网络虚拟化

网络虚拟化有三种主要方法：

- 第一种网络虚拟化方法称为**网络虚拟化(Network Virtualization，NV)**，是一条网络隧道，可通过现有网络创建隧道以连接两个单独的域。使用隧道非常有价值，因为避免了与物理连接新域相关的体力劳动。当需要连接虚拟机时，这个概念更加重要。NV 还有效利用了现有基础设施的资本投资，从而避免额外的资本支出。当网络虚拟化与高性能 x86 平台一起使用时，VM 可以独立于任何现有的基础设施连接进行移动，从而避免重新配置任何物理网络。
- 第二种网络虚拟化方法是**网络功能虚拟化(Network Functions Virtualization，NFV)**，使用最佳实践作为所有网络元素的初始战略和配置。比较广泛的应用是添加防火墙和 IDS/IPS 系统。NFV 支持在选定的网络隧道上添加功能，允许创建虚拟机服务概要文件或流。这种方法避免了手动网络配置和任何相关的培训成本，还可以消除通过提供防火墙或 IDS/IPS 服务来实践网络的需要。

通过为每个实例化的网络隧道定制这些服务，可以减少初始资本支出，同时增强运维灵活性。

- 第三种网络虚拟化方法是**软件定义网络(Software Defined Networking，SDN)**，通过使用控制平面和数据平面来对网络部署进行编程。控制平面指示哪些数据包应该到达哪个目的地。数据平面传输这些数据包并使用通过 SDN 控制器编程的交换机。一种行业标准控制协议是 OpenFlow。

NV 和 NFV 都将虚拟隧道和功能添加到物理网络中，而 SDN 则更改物理网络，这使 SDN 成为一种外部驱动的配置和管理网络的方法，用例包括到不同端口的数据流(例如，从 1GE 端口到 10GE 端口)或将多个小流聚合到一个端口。SDN 是使用网络交换机实现的，而不是使用 x86 服务器实现 NV 和 NFV。

网络虚拟化技术解决了移动性和敏捷性问题。NV 和 NFV 用于现有网络，并驻留在服务器上，与指向它们的流量进行交互。SDN 是一种新的网络结构，使用交换机来实现独立的数据平面和控制平面功能。

9.7.3　数据虚拟化

数据虚拟化用于检索和运维数据，而不需要相关的技术数据细节，如格式或位置(联合/异构数据连接)。抽象技术包括 API 规范和访问语言，可以促进与异构数据源的连接，从而使所有数据都可以从一个位置访问。数据联合还可以通过数据虚拟化来实现，方法是跨多个源文件对数据结果集进行组合。当需要运维数据和处理/清理数据来支持实时数据需求时，可将数据虚拟化软件用于数据集成、业务流程集成、面向服务的架构数据服务，企业级搜索是理想的选择。

在云计算环境中，数据虚拟化将数据分析和应用程序与物理数据结构分离。如果更改了数据的基础设施，将最大限度减少终端用户的影响。另一个云采用 NoSQL 源和关系数据源之间的连接。

云计算解决方案架构师应该始终使用企业视图进行架构。随着组织数据虚拟化需求的不断发展，这些解决方案可能变得不那么敏捷，并且随着层和对象的不断添加，性能也会降低。重复的业务逻辑和依赖关系也可能影响性能。为了减轻这些挑战，云计算解决方案架构师应该设计分层的视图方法来隔离业务逻辑。始终使用一致的命名标准和通用规则来实现可重用性和层隔离，并尽可能将处理要求下推到源文件中。

由于数据虚拟化服务于企业数据资产的网关，因此应该进行这样的治理。必须在整个企业中一致地实施数据虚拟化的概念和功能。数据的安全性将极大地影响数据虚拟化安全管理，因此，数据安全管理人员应该确定适用的法案(如 HIPAA、SOX 等)。在许多情况下，应该使用数据虚拟化来限制特定用户或用户组的访问。

数据虚拟化平台如图 9.6 所示。

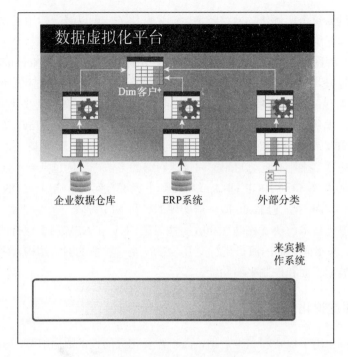

图 9.6　数据虚拟化平台

　　许多数据虚拟化工具可用于显示和导出数据沿袭信息，这是业务流程元数据的重要组成部分，可用于分析和解决数据质量问题，如图 9.7 所示。数据虚拟化是一项功能强大的技术，但是必须做到平衡数据管理结构、采用数据虚拟化并进行创新式的企业治理。

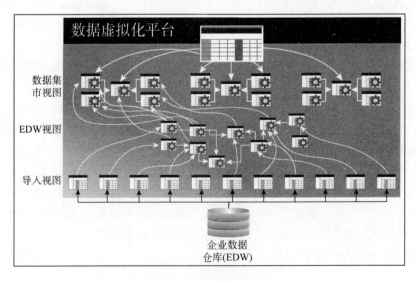

图 9.7　数据虚拟化工具

9.7.4　应用程序虚拟化

应用程序虚拟化将计算机程序与底层操作系统隔离开来。它们不像普通应用程序那样安装，而是像它们一样执行。与普通的计算应用程序相反，在使用应用程序虚拟化时，每个应用程序都在运行时设置配置，这使得主机操作系统和现有环境保持不变。应用程序的行为就像直接与操作系统连接一样。应用程序虚拟化是另一种允许动态分布计算资源的技术，允许应用程序在非本地环境中运行。

9.8　本章小结

成功的云计算解决方案符合本章概述的云环境关键原则，它们还使用计算、网络和应用程序虚拟化向商业模式或任务模型提供可伸缩性和弹性，这就是云计算彻底改变每个垂直行业的原因。云计算解决方案架构师必须非常熟悉本章概述的每一条云环境关键原则的目的和方法，因为它们的工作将取决于它们如何提供价值。

第 *10* 章

云客户端和关键的云服务

云计算的五大基本特征之一是无所不在的访问，启用时需要网络连接和客户端。客户端的选择通常取决于使用本地应用程序还是 Web 应用程序。

在本章中，我们将重点介绍以下主题：

- 云计算客户端
- IaaS
- 通信服务
- 审计服务

10.1 云计算客户端

原生应用程序是为特定的移动设备构建和设计的，它们从应用商店或市场下载后被直接安装在硬件上。这些应用程序旨在与目标设备硬件的原生功能兼容，并且可以作为独立实体工作。然而，一项重要的缺陷是，用户需要不断更新应用程序。

Web 应用程序可以通过移动设备上的 Web 浏览器来访问，而不需要下载到用户的设备上。它们只能访问有限数量的设备的原生功能，并且无须用户干预即可自行更新。虽然使用 JavaScript、HTML5 或 CSS3 等语言，但不提供标准化或 SDK。Web 应用程序还可能导致跨多个移动平台的更高维护成本。

从用户的角度看，这两应用程序的外观和操作方式都类似，通常要在部署以用户为中心的应用程序和以应用程序为中心的应用程序之间做出选择。有时，开发原生应用程序和 Web 应用程序都是为了扩大用户范围，提供更好的用户体验。客户端开发人员还必须在使用瘦客户端和胖客户端之间做出选择。

图 10.1 显示了瘦客户端和胖客户端之间的区别。

瘦客户端与胖客户端的对比		
	瘦客户端	**胖客户端**
定义	软件的功能通常通过 Web 浏览器依赖于远程服务器	在指定设备上直接运行的软件
离线	功能基本不起作用	功能起作用
本地资源	主要消耗远程资源	主要消耗本地资源
网络延迟	功能通常依赖于快速的网络连接	功能通常在没有网络连接的情况下工作
数据	数据通常存储在远程服务器上	数据通常存储在远程服务器上

图 10.1　瘦客户端与胖客户端的区别

终端仿真器用于模拟另一显示器架构内的视频终端，通常与 shell 或文本终端同义，指所有远程终端。驻留在图形用户界面(Graphical User Interface，GUI)中的终端仿真器称为终端窗口，它允许用户访问文本终端应用程序，如命令行接口(Command Line Interface，CLI)和文本用户界面(Text User Interface，TUI)。

作为云计算概念的**物联网(Internet of Things，IoT)**正在迅速普及。客户不需要购买物联网，而是可以购买使用物联网组件的解决方案。物联网解决方案通常会涉及跨越从传感器到应用的价值链的合作伙伴生态系统。

物联网解决方案的起源是通过结合传感器、连接性和软件使事物变得智能。机器对机器(M2M)解决方案侧重于连接，目标是通过连接项目提供智能。来自这些设备的报告数据提供了历史商业智能和实时洞察。物联网解决方案侧重于智能与连接以及近实时分析。这里的目标是洞察和行动，而不是报告。

在设计物联网解决方案时，架构师应该确定一些具有可量化响应的精确问题。早期的物联网解决方案使用仪器设备将数据发送回云进行处理。这种方法被证明是不切实际的，因为物理世界的解决方案由于各种原因需要在边缘进行一定数量的处理，需要使用新的概念(如雾计算)立即处理和操作数据，通过网络发送大量数据也很困难。

物联网解决方案还需要能够在边缘进行关联和分析。因此，架构师需要制定策略来定义处理数据的时间和地点。他们还必须在选择设备时考虑到这种边缘处理。最有价值的系统将提供机器学习，能够快速识别模式并向用户提供及时和相关的信息。

确保物联网解决方案保持传感器电池的寿命。将一条电线硬接到每个传感器的成本太高，但是如果需要花费大量的劳动来更换电池，那么电池供电的传感器就毫无用处了。因此，终端传感设备必须具有在处理和传送数据时优化电池寿命的软件。物联网的安全性也可能更具挑战性。加密操作被广泛使用，身份和身份验证应该提供额外的保护。网络、硬件和访问数据的人员都应该是受信任的实体。物联网解决方案也必须是可以现场升级的。

10.2　IaaS

IaaS 提供计算服务、存储服务、通信服务(包括网络服务)、计量/监控服务和审计服务。

10.2.1　计算服务

计算服务组合 CPU、内存和磁盘虚拟设备来创建虚拟机。这是通过对多个用户共享的物理服务器和存储设备进行虚拟化实现的。

虚拟机是一种计算机软件文件,作用类似于一台真正的计算机。虚拟机与其他任何软件程序一样,在隔离环境中运行,为终端用户提供与传统主机操作系统相同的体验。虚拟机中的软件是沙箱,无法逃脱或篡改物理计算机。多个虚拟机可以在同一台物理计算机上同时运行,这称为多租户环境,多个操作系统在它们的管理程序上并行运行。每个虚拟机独立地提供虚拟硬件,虚拟硬件被映射到物理机器上的实际硬件。这种映射通过减少物理硬件数量、相关维护成本、功耗和冷却需求来节省成本。虚拟服务器可快速扩展,但与裸金属服务器相比,性能可能会降低。

裸金属服务器是专用于某个客户的单租户物理服务器,这可以防止服务器性能受其他工作负载的影响,通常用于需要大量原始处理能力的延迟敏感工作负载。裸金属云为裸金属服务器提供了按需访问、高可伸缩性和即付即用特性。如果解决方案架构师面临高负载因素,那么裸金属云经济可能非常引人注目。在虚拟机很大且持续负载很重的环境中,按每个工作负载计算,它们可以更便宜。

云供应商通常为客户提供操作系统的选择权。通常,这涉及不同版本的 Linux (RHEL、Ubuntu、CentOS、Freebird)或 Microsoft Windows、Solaris 或 IoS。架构师应该调查组织用户和需求,以选择最合适的操作系统。CSP 将根据计算核心的数量、RAM 的数量、IOP 和可用的临时存储对其计算产品进行打包。自动缩放用于自动更改部署到服务器场的计算资源的数量,这通常用活动服务器的数量来度量。这个数字会根据服务器场的工作负载自动上升或下降。

10.2.2　存储服务

IaaS 存储服务要么是临时性的,要么是持久性的。临时存储仅在特定虚拟机处于活动状态时才会持久。如果取消配置计算机,那么临时存储中的任何数据都将丢失。**随机存取内存(Random Access Memory,RAM)**和缓存通常是非持久性存储技术。

将所有临时数据传输到持久性数据存储区,以防止数据丢失。持久性存储,顾名思义,在虚拟机被取消配置后仍然存在,有时也称为非易失性存储。这种存储类型通常由机械硬盘驱动器或**存储区域网络(Storage Area Network,SAN)**或网络附加存储

(Network Attached Storage，NAS)模式中的固态驱动器支持，可以是文件、块或对象存储的形式。

存储服务具备跨多个副本的重复数据的容错能力，这些副本存储相同的数据集，如图 10.2 所示。如果其中一个副本丢失，可以从其他副本恢复数据。存储一致性是云计算中的一个基本概念，它描述了所有数据副本保持一致所需的时间。严格的一致性确保在所有相关副本之间复制数据的所有副本，以提高可用性。可通过读写操作访问数据副本的子集。在读写操作期间访问的副本数量之比可以保证所有副本之间的一致性。在最终的一致性中，放松了对数据一致性的要求。

副本的数量(n)=2
可写的副本(w)=2
可读的副本(r)=1

图 10.2　多个副本

这减少了读写操作期间必须访问的副本数量，并减少了维护严格一致性所需的开销。通过最终的一致性，数据更改最终通过网络的异步传播传输到所有数据副本，如图 10.3 所示。

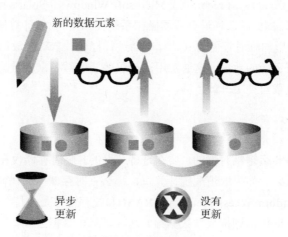

图 10.3　保持数据一致性

1. 硬盘/块存储

如果虚拟服务器和物理服务器不在本地存储状态信息，则可以更有效地管理它们。这使得配置、取消配置和故障处理更加易于管理。硬盘/块存储是由服务器访问的集中式存储，就像本地硬盘驱动器一样。

2. 对象/ blob 存储

分布式云应用程序被广泛用于处理大型数据元素，也称为二**进制大对象(binary large object，blob)**，一些示例包括虚拟服务器映像、图片或视频。

这些类型的数据元素被组织在一个文件夹层次结构中，每个数据元素都有唯一的标识符，其中包括位置和文件名。这个全局唯一标识符被传递给存储产品，以便通过网络检索数据，如图 10.4 所示。

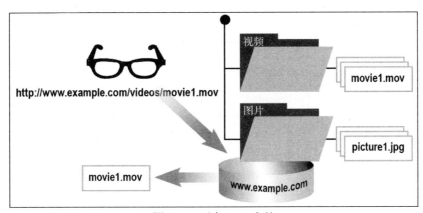

图 10.4　对象/blob 存储

3. 键值存储

为了获得更高的可用性和性能，存储产品在不同的 IT 资源和位置上分布数据。这可以改变存储要求，并提高对数据结构的灵活性要求。在这些情况下，查询期间的数据结构验证可能需要分布式资源之间的高性能连接。

通过存储标识符(键)和关联数据(值)对，而不是强制执行数据结构，可以避免性能方面的问题如图 10.5 所示。数据查询的复杂性大大降低，同时增强了可伸缩性和可配置性。半结构化和非结构化数据也可以在许多 IT 资源中扩展，而无须访问它们以评估表达性查询。

4. 档案存储

档案存储是使用 SAN、光学或磁带技术的长期数据存储，用于满足法规或法律方面的保留要求，并用于存储不需要快速访问的数据。

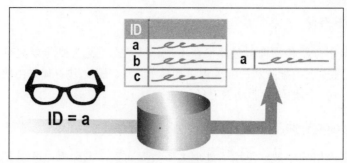

图 10.5　键值存储

10.2.3　通信服务

通信服务包括通常与网络相关的所有功能。这些服务根据数据吞吐量或输入、输出操作的数量进行计量。

1. 虚拟网络

虚拟网络支持部署在弹性基础设施和弹性平台上的应用程序组件。这些虚拟通信资源依赖于物理网络硬件进行通信。但是，在这个网络层上，客户之间是相互隔离的。

物理资源，如**网络接口卡(Networking Interface Card，NIC)**、交换机和路由器，被抽象为可以由服务供应商管理的虚拟化等效物。使用自助服务接口和 CSP 应用程序，客户可以设计、实施和配置虚拟电路、防火墙、负载均衡器、**网络地址转换(NAT)**和网络交叉连接，如图 10.6 所示。

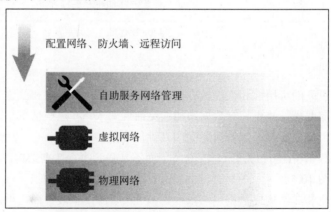

图 10.6　执行配置操作

(1) 面向消息的中间件

对于分布式应用程序，托管在不同云资源上的应用程序组件需要交换信息。通常，还需要与其他云和非云应用程序集成。使用面向消息的中间件，通信伙伴可以使用消息异步交换信息，处理寻址、通信伙伴的可用性和消息格式转换，如图 10.7 所示。

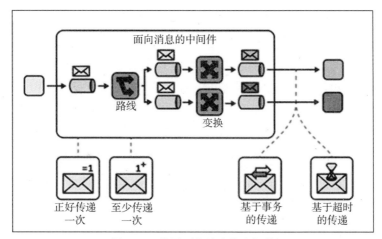

图 10.7　使用面向消息的中间件

(2) 正好传递一次

用于不接收重复消息的系统。对于这些情况,消息传递系统通过自动过滤所有可能的副本来确保每个消息只传递一次。创建时,每个消息都使用唯一标识符进行标记,从而过滤从发送方到接收方传输期间的消息副本,如图 10.8 所示。

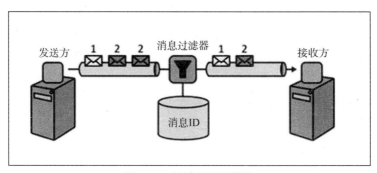

图 10.8　过滤重复的消息

(3) 至少传递一次

在一些解决方案中,面向消息的中间件处理消息的双重性。但是,系统仍然需要确保消息已被接收。对于消息接收方检索到的每个消息,一次性传送会将服务确认发送回消息发送方。如果在特定的时间范围内没有收到响应,则重新发送消息。

(4) 基于事务的传递

尽管面向消息的中间件可以管理消息的遍历,但也可能需要确保接收到传输。使用基于事务的传递服务,面向消息的中间件和接收客户端都参与事务。因此,所有消息通信操作都是在单一事务环境下保证 ACID(原子性、一致性、隔离性和持久性的英文首字母缩写)属性的。

(5) 基于超时的传递

基于超时的传递服务确保客户端在从消息队列中删除消息之前接收到消息。这是通过在客户端读取消息后不立即删除消息来实现的，而只是将消息标记为不可见，客户端读取消息后，向消息队列发送确认消息，然后删除消息，如图 10.9 所示。

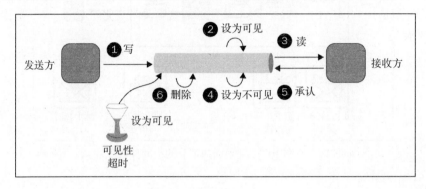

图 10.9　基于超时的传递

10.2.4　计量/监控

云的动态特性及其按使用付费的经济模型使监控成为一个重要的架构组件。监控也构成计量的基础，用以衡量如何使用资源来支持征收的费用。计量还支持自动化可变服务数量，以支持客户要求中的较大差异。

用于计量服务的指标包括：

- 服务的单位时间
- 数据的单位
- 每个事务
- 每个用户
- 一次性费用

对服务跨操作系统、网络和应用程序类别进行监控和计量。操作系统是所有监控的基础，一些基本工具如下。

- **Syslog**：访问包含生成消息的应用程序描述、严重性级别、时间戳和消息的日志条目。
- **VMstat**：虚拟内存统计。
- **Mpstat**：处理器相关的统计数据、每个可用处理器的活动和全局平均值。
- **Top**：Linux 任务和系统摘要。

众所周知的开源工具包括如下这些。

- **Nagios**：可用性、CPU 负载、内存、磁盘使用、用户登录和进程。
- **Munin**：性能监控工具，通过 Web 界面提供系统性能的详细图表。

主要的网络计量工具是 Netstat，可提供关于网络配置、连接活动和使用统计信息的数据。

应用程序监控需要识别何时出现问题，而性能分析将查找相关的应用程序结构问题。前者是运维团队的职责，后者是开发团队的职责。性能分析包括概要分析，这需要深入了解应用程序结构。分析工具应该能够捕获随时间变化的输出，作为监控应用程序的输入。

监控结果需要可操作，但是对生产系统的有限控制可能无法重现问题或进行深入分析。启用概要分析的工具会显著降低应用程序性能。

10.2.5　审计服务

IT 审计分为内部审计和外部审计两类。内部审计处理组织员工所做的工作。它们着眼于组织流程，主要关注流程优化和风险管理。外部审计着眼于组织从外部角度满足法律和监管要求的能力。审计还可以评估数据的可用性、完整性和机密性问题。云计算解决方案需要服务组织、**云服务供应商(Cloud Service Provider，CSP)**和终端用户之间进行三方协商。目标是在保持可接受的安全程度的同时确保生产力。

云的安全性审计关注与安全性相关的数据对 CSP 客户是否透明，云的数据加密策略，以及解决共址客户环境的保护措施。审计云的规模、范围和复杂性也与传统企业审计有显著不同。然而，一个重大的挑战在于审计人员的云计算知识。云安全审计人员必须了解云计算术语，并具备云系统服务设计和传递方法的相关知识。

云的安全性审计必须确保 CSP 客户可以使用所有与安全相关的数据。透明度能够快速识别潜在的安全风险和威胁，还有助于创建和制定适当的企业对策和建议。获取准确的信息可以降低网络安全威胁。

数据应该在静止和动态时都进行加密，如果可能的话，在使用时也进行加密。加密可能并不总是最有效的解决方案，加密密钥管理选项也并非总是可以接受的。加密和解密性能的缺点可能使加密处于静止状态。动态数据通常使用传输层技术(如安全套接字层)进行加密。同态加密或正在使用的加密可以允许加密查询搜索加密文本，而无须搜索引擎解密。虽然有可能解决传统 IT 和云基础设施中静态加密数据的安全问题，但性能仍然很差。

虽然共同定位可以实现多租户环境的经济优势，但也引入了一些重要的安全问题。审计必须确保 CSP 管理程序能够可靠地将**虚拟机(Virtual Machine，VM)**与物理计算硬件隔离开来。CSP 必须平衡构建和管理云基础设施管理程序的多种方法，每种方法都有业务要求和相关的安全问题。尽管需要建立标准化的云计算结构和多租户安全性，但是还没有官方标准。

采用云计算，一台物理机通常会托管许多虚拟机。托管多个虚拟机会大幅增加需要审计的主机数量。这种增长会使云审计的规模、范围和复杂性变得难以承受。尽管云计算的规模更大，但标准化可以极大地帮助审计过程更顺畅、更快速地进行。另一个需要考虑的关键因素是审计范围的调整。

越来越多的 IT 元素需要审计，这虽然影响了规模，但是新的技术类型会导致范围的增大。一个例子是检查多租户环境中管理程序的安全性。此外，许多云环境包括无形的元素和逻辑元素，这些元素也需要被审计。审计人员必须意识到这些差异，并考虑到这种复杂性。表 10.1 列出了适用于云安全性审计的标准。

表 10.1　适用于云安全性审计的标准

标准	类型	强度	赞助方
服务组织控制(SOC)2	外包服务的审计	技术中立	美国注册会计师协会
ISO 27001 和 ISO 27002	传统安全审计	技术中立	ISO
NIST 800-53 第四版	联邦政府审计	技术中立	国家标准与技术学会
云安全联盟(CSA)	特定于云审计	致力于审计云的安全性	CSA
支付卡行业(PCI) 数据安全标准(DSS)	PCI Qualified Security Assessor 云补充	特定于云并提供指导	PCI DSS

云服务性能可能根据特定的 CSP 而变化。在同一个 CSP 中，性能还可以依赖于服务配置、时间(一天中的时刻、一周中的一天、一月中的一周，等等)和地理位置，参见图 10.10。仅计算服务的性能差异就超过 1000%。由于定价通常是与特定指标挂钩的固定比率，这通常会导致性价比发生巨大差异。

建议用于审计的计算指标是 CPU 和输入输出(I/O)性能，还应从多个 CSP 位置测量延迟和带宽分配等网络指标。

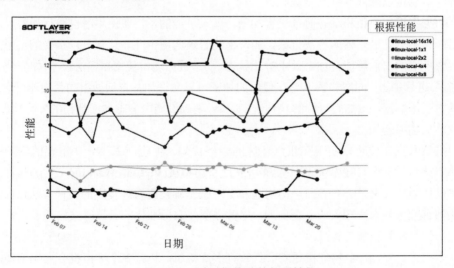

图 10.10　随时间推移的软层性能

服务水平协议

服务水平协议(Service Level Agreement，SLA)是云计算服务的蓝图和保证，目的是记录特定的参数、最低服务水平以及对任何未能满足的指定要求的补救措施。还应该确认数据所有权，并指定数据返回和销毁的细节。其他需要考虑的 SLA 要点包括：

- 云系统基础设施细节和安全标准
- 客户有权审计 CSP 的合法合规性
- 与继续和停止使用服务相关的权利和成本
- 其他重要的标准
- 服务可用性
- 服务性能
- 数据的安全性和隐私
- 灾难恢复流程
- 数据位置
- 数据访问
- 数据可移植性
- 问题识别和预期的解决方案
- 变更管理流程
- 争议调解过程
- 退出战略

客户应非常仔细地阅读云服务供应商的 SLA，并针对常见的停机场景验证它们。组织还应该有应急计划来处理更糟的情况。

10.3　PaaS

平台即服务(Platform-as-a-Service，PaaS)是在多租户环境中提供的执行运行时环境。基本假设是应用程序经常使用类似的功能，并且这些组件可以与其他应用程序共享。共享这个公共功能还会带来更高的环境利用率。

公共应用程序功能是在执行环境中提供的，执行环境使用中间件解决方案为定制的应用程序提供平台库，其中最常见的是数据库和**集成开发环境(Integrated Development Environment，IDE)**。

10.4　数据库

数据库 PaaS 服务通常与 SQL/关系表单或 NoSQL/非关系类型保持一致，如

图 10.11 所示。

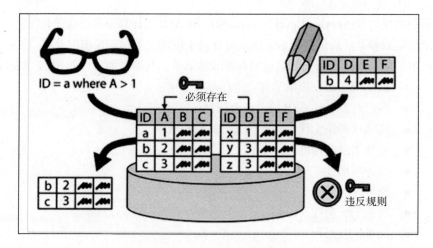

图 10.11　数据库 PaaS 服务

SQL/关系数据库处理包含大量相似数据元素的数据,这些元素之间具有可识别的依赖关系。当查询这种结构化数据时,用户对数据结构和检索到的数据元素之间的关系一致性做出一定的假设。

数据元素记录在表中,其中每一列表示一个数据元素属性。表列中还可以嵌入条目如何与另一个表中的对应列关联的依赖关系。在任何数据操作期间都严格执行这些依赖关系。

在 NoSQL/非关系数据库(Mongo、Map Reduce 等)中,不存在强制的数据库结构。这在处理大型数据集以及将流程拆分并映射到多个应用程序组件时非常有用。这通常是云应用程序的情况,云应用程序通常处理大量数据,并且需要高效地处理这些数据。随着分布式应用程序的扩展,数据处理类似地分布在多个组件之间,如图 10.12 所示。

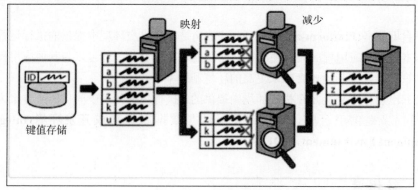

图 10.12　数据处理

数据处理组件同时执行要在分配的数据块上执行的查询。然后,将处理结果合并或简化为结果数据集。在简化过程中,还可以应用其他功能(求和、求平均值等)。

10.5　集成开发环境

IDE 为开发人员提供由云服务供应商管理的应用程序开发环境，这消除了与运维开发应用程序的基础设施相关的复杂性。开发人员可以通过 Web 浏览器或 IDE 插件访问和管理 PaaS 服务。一些常见的 PaaS IDE 包括：

- 弹性 Beanstalk，原生于**亚马逊云计算服务平台(Amazon Web Service，AWS)**。代码被上传，PaaS 自动将 WAR 文件部署到一个或多个 EC2。
- Heroku 与应用服务器(如 Tomcat 和 Jetty)一起使用标准库，但是可伸缩，并且原生支持 Ruby、Node、Python、Java、Clojure、Go、Groovy、Scala 和 PHP。
- Red Hat OpenShift，支持 Java、Ruby、Node、Python、PHP 和 Perl。
- 基于 CloudFoundry 的 IBM Bluemix 是可伸缩的，并且原生支持 Java、Node.js、PHP 和 Python。
- **谷歌应用程序引擎(Google App Engine，GAE)**在沙箱环境中运行应用程序，请求分布在多个服务器上。这特别适用于在谷歌的基础设施上构建和部署应用程序。

10.6　SaaS

SaaS 提供完全托管的应用程序。消费组织管理用户群、访问服务以及治理组织用户输入的数据。CSP 对服务的架构、安全性和可用性负有全部责任。以下是一些最流行的 SaaS 服务类别。

- **CRM 软件**：客户信息管理、营销自动化、销售渠道跟踪。
- **ERP 软件**：提高流程效率和共享组织信息，并提高对工作流程和生产力的洞察管理。
- **会计软件**：改进财务组织和跟踪。
- **项目管理软件**：管理项目/程序范围、要求和进度，以满足利益相关者要求的方式跟踪变更、沟通和截止日期。
- **电子邮件营销软件**：电子邮件营销自动化和关系构建，同时优化邮件传递。
- **计费和开发票软件**：计费和开发票自动化，实现客户自助支付，减少数据输入成本，消除计费错误。
- **协作软件**：改进组织沟通，使员工能够更容易地跟踪复杂的交互，实现更有效的沟通和提高企业生产力。
- **网络托管与电子商务**：网络托管、内容管理系统、留言板、购物车等。

- **人力资源软件**：跟踪员工时间，改进招聘和雇佣，实现工资单自动化和更高效的人力资源管理。
- **事务处理**：处理信用卡及银行转账，发布和跟踪优惠券，以支持忠诚度奖励计划。

10.7　本章小结

通过适当的客户端设备提供所需的云服务是任何云计算解决方案的期望结果。本章回顾了实现这一目标所需的基础知识。客户端必须无缝地与预期的终端用户消费需求保持一致，而服务必须始终与商业模式或任务模型保持一致。本章介绍的服务是必不可少的解决方案构建块。

第 *11* 章

运维要求

直到最近，企业在设计数据中心时还会考虑到提供托管、计算、存储或其他服务，并考虑到典型或标准的组织类型。在考虑现代数据中心和云服务时，这种考虑存在一个问题。随着开发基于云的应用程序受到越来越多的欢迎和广泛采用，我们必须认识到好处和效率，以及带来的挑战和复杂性。云开发通常包括集成开发环境、应用程序生命周期管理组件以及应用程序安全性测试。与数据中心内的传统部署甚至托管解决方案不同，云通常以一种相对不受保护的方式运行，而在托管解决方案中，网络控制无处不在，有时需要依赖补偿外围控制来提供应用程序的安全性。

在本章中，我们将介绍以下主题：

- 应用程序编程接口
- 公共基础设施文件格式——VM
- 数据和应用程序联合
- 部署
- 联合身份
- 身份管理
- 可移植性和互操作性
- 生命周期管理
- 位置识别
- 计量和监控
- 开放式客户端
- 可用性
- 隐私
- 弹性
- 可审计性

- 性能
- 管理和治理
- 跨云的事务和并发性
- SLA 和基准
- 供应商退出
- 安全性
- 安全控制
- 分布式计算参考模型

11.1 应用程序编程接口

组织和实践者都需要认识到：基于云的开发和应用程序可以不同于传统开发或内部开发。在考虑云部署时，必须记住应用程序可以分解为以下子组件：

- 数据
- 功能
- 流程

这些组件可以进一步分解，以便在传统数据中心中运行敏感数据，在云计算环境中运行不那么敏感的数据。开发人员还必须了解，在许多云环境中，访问权限是通过**应用程序编程接口(Application Programming Interface，API)**获得的。这些 API 将使用令牌而不是传统的用户名和密码。API 可以分为两种格式：

- 表述性状态转移(Representational State Transfer，REST)
- 简单对象访问协议(Simple Object Access Protocol，SOAP)

REST 定义了一组基于 HTTP 的约束和属性。这些被称为 RESTful Web 服务，并且符合 REST 架构风格。通过这样做，当计算机通过互联网通信时，使它们提供互操作性。REST 兼容的服务允许请求系统通过使用一组标准的无状态操作访问和处理 Web 资源的文本表示。SOAP 是一种更结构化的消息传递协议规范，主要用于通过计算机网络上的 Web 服务交换结构化信息。SOAP 的目的是提供可伸缩性、中立性和独立性。SOAP 使用 XML 信息集作为消息格式，并依赖于应用层协议(通常是**超文本传输协议(HyperText Transfer Protocol，HTTP)**或简单邮件传输协议**(Simple Mail Transfer Protocol，SMTP))**进行消息协商和传输。

应用程序编程接口(API)是组织向应用程序公开功能的一种方法。API 的一些好处包括：

- 程序控制和访问
- 自动化
- 与第三方工具集成

API 的使用可能导致组织使用不安全的产品。组织还必须考虑组织边界之外的软件(和 API)的安全性。外部 API 的使用应该经过与组织使用的所有其他软件相同的审批过程。在使用 API 时需要使用 SSL (REST)或消息级加密(SOAP)、访问身份验证和 API 使用日志，以确保 API 访问是安全的。

11.1.1 API 级别和类别

开发人员必须使用四个级别的 API。更多信息请参考: http://www.jasongaudreau.com/2012/08/cloud-computing-use-case-part-3.html???history=0amp;pfid=1amp;sample=25amp;ref=1。

11.1.2 用于云存储的通用 API

数据是运维的核心，因此必须为访问云存储服务、数据库和其他中间件服务建立标准 API。解决方案中使用自定义代码将企业限定在专有设计中，从而消除了可移植性，并消除了云计算带来的经济效益和灵活性。

11.1.3 通用云中间件 API

支持创建和删除数据库和表、连接到消息队列和执行其他中间件操作所需的 API 应该在整个组织内保持一致。在处理大型数据集时，数据库供应商产品中嵌入的限制会显著增加处理资源的要求，比如存在跨表连接的限制和无法支持有效的数据库模式。在考虑迁移到另一个数据库时，这些限制带来了很大的挑战。限制特别适用于构建在关系模型上的应用程序。诸如消息队列的中间件服务更为直接，通常不会带来如此重大的挑战。

额外的关注

云解决方案架构师必须注重满足组织的运维要求。从以前的云部署中吸取的经验教训强调了充分处理每个要求的重要性。

11.2 公共基础设施文件格式——VM

在云计算环境中，虚拟机的可移植性是一个重要的关注点，这在混合 IT 部署中尤其有效。任何企业解决方案都应该解决 VM 文件格式以及在将存储附加到 VM 的过程中可能存在的差异。

11.3　数据和应用程序联合

在合并来自多个基于云的数据源的数据时，企业应用程序需要协调可能跨多个平台的应用程序活动、云管理服务供应商和传统数据中心。混合环境需要跨各种环境实现数据联合和虚拟化技术。

11.4　部署

部署云应用程序涉及编程接口和特定于云的打包技术。这种运维要求可能包括传统的打包机制，如 EAR/WAR 文件和.NET 程序集。

构建和部署 VM 映像应该是简单的，并且可以在不同的混合基础设施环境之间移植。任何必要的补偿都应该是众所周知的，并且应该很好地理解将存储附加到 VM 的机制。

11.5　联合身份

当在混合环境中运行时，背后的思想是让用户对 ID 负责，并让基础设施联合所有其他所需的身份。联合将包括终端用户所需的主要身份以及用户可能在企业中拥有的所有关联企业角色。

11.6　身份管理

大多数云计算解决方案都可以利用特定于行业的身份管理标准和协议，比如 SAML 和 OAuth。这些可能还需要与 RosettaNet 或 OASIS 等传统标准进行交互。尽管具体的标准可能因应用程序而异，但是解决方案必须能够有效地处理所有访问和数据授权场景。

11.7　可移植性和互操作性

云计算时代带来了设计、构建和管理以业务为中心的生态系统的要求。跨越这种生态系统的有效通信和交互需要企业及生态系统伙伴之间的互操作性。由于不存在一套通用的标准，而且不太可能很快建立，这种生态系统可能会遇到供应商锁定的重大风险。生态系统使用可重用组件来构建开箱即用的系统的能力取决于可移植性和互操作性治理的实施。在将系统部署或迁移到云服务供应商时，云计算的特别关注点至关重要。典型的场景是，由于数据管理或数据主权规则，无法将一些组件迁移到云。云迁移需要所有迁移组件的可移植性，以及这些组件与本地系统的互操作性。

应指定可移植性和互操作性标准的特定技术类别如下。

- **数据**：支持跨不同应用程序重用数据组件。由于目前不存在数据互操作性接口，这可能需要使用数据虚拟化技术。
- **应用程序**：这侧重于应用程序组件之间的互操作性。这些组件包括 SaaS 部署的组件、PaaS 中使用的应用程序模块或 IaaS 使用的基础设施组件。在与传统企业 IT 环境或客户端端点设备交互时，在混合环境中也会出现类似的问题。应用程序可移植性支持跨整个混合 IT 环境重用所有应用程序组件。
- **平台**：处理服务包的重用，这些服务包可能包含基础设施、中间件或应用程序组件以及任何相关数据。
- **基础设施**：与各种硬件虚拟化技术和架构相关联的互操作性和可移植性。
- **管理**：云服务模式(SaaS、PaaS 或 IaaS)与随需应变自助服务实现的相关程序之间的互操作性，还可能包括与云资源的部署、配置、供应和运维相关的应用程序。
- **发布和获取**：云计算的自助服务方面使终端用户能够获取软件、数据、基础设施和各种其他云服务。开发人员还可以通过在线市场发布应用程序、数据和云服务。这个技术类别解决了平台和云服务市场(包括应用程序商店)之间的互操作性。

11.8 生命周期管理

应用程序和文档的生命周期管理对所有组织来说都是持续的挑战。满足要求的任务包括版本控制、数据保留、销毁和信息发现。如果尽职调查不能有效地确定这一领域的监管和法律限制，那么可能负有巨大的法律责任。

11.9 位置识别

数据主权法正在全球范围内扩展。这些新要求不仅适用于组织如何处理数据，而且同样适用于代表组织管理的数据。相关的要求可能包括对物理服务器存有组织数据时所处位置的法律限制。满足要求可能需要使用 API 来确定所有与云服务交付相关的物理硬件的位置。

11.10　计量和监控

现收现付的云计算模型需要对所有云服务进行一致且无处不在的计量和监控，这对于有效的成本控制、内部充值和服务供应流程非常重要。

11.11　开放式客户端

无处不在的云服务访问需要使用开放式客户端和端点设备。使用特定于供应商的端点违反了这一基本要求，因为云服务不应要求使用特定于供应商的平台或技术。

11.12　可用性

云服务的可用性描述了在任意时间提供请求时，特定服务处于指定的可操作和可提交状态的程度。可用性通常用百分比表示，并在 CSP 服务水平协议中进行说明。CSP 设置可用性，但是额外的支付可以提高可用性。云解决方案架构师应该了解所有服务的可用性比率，并就服务实现组织目标的能力向任务/业务所有者提供建议。

11.13　隐私

隐私是指不受他人观察或干扰的状态。云计算促进了许多新的数据隐私法的建立和严格执行，比如通用数据保护条例(GDPR)：欧盟议会于 2016 年 4 月 14 日批准，执行日期为 2018 年 5 月 25 日。不遵守规定的组织可能面临巨额罚款。GDPR 废除了数据保护指令 95/46/EC，目标是协调欧洲的数据隐私法，保护和授权所有欧盟公民的数据隐私，并重塑区域组织处理数据隐私的方式。GDPR 适用于所有欧盟居民的个人数据处理，而无论公司位于何处。GDPR 还包括在欧盟范围之外处理的数据，以及非欧盟公司在向欧盟公民销售商品或服务时处理的欧盟公民个人数据。罚金最高可达全球年收入的 4%或 2000 万欧元，两者以较高者为准。

11.14　弹性

弹性是指云服务从服务交付困难或失败中恢复的能力。CSP 设置了弹性级别，但是额外的支付可以增强弹性。云解决方案架构师应该了解所有服务的弹性细节，并就服务实现组织目标的能力向任务/业务所有者提供建议。

11.15　可审计性

可审计性描述了云服务消费者能够在多大程度上对云服务供应商交付的能力进行全面和准确的评估，并适当地考虑交付云服务的成本。这类数据通常由法律或监管要求驱动，并且通常是组织使用服务能力的基础。云解决方案架构师应该了解所有审计要求，并告知任务/业务所有者服务能否满足这些要求。

11.16　性能

虽然服务水平协议概述了期望从供应商获得的最低服务级别，但是在任何指定的参数集中，性能可能存在很大差异。服务组件完全位于供应商或使用者控制之外可能会导致可变性。诸如网络带宽限制或异常大的服务供应请求等问题可能会极大地影响服务的成本或可用性。因此，云解决方案架构师应直接解决性能可变性和审计问题。

11.17　管理和治理

与开立账户和采用云服务相关的易用性会在提供和消费基于云的服务时产生滥用风险。云行业的领导者经常强调这种风险是一种重大的安全风险。因此，组织必须建立严格的管理和治理程序。建议包括跟踪云服务(如内存、数据库和消息队列硬盘)的启动和使用。建立并落实政府法规以及行业和地理特定的政策至关重要。

11.18　跨云的事务和并发性

在云生态系统中运行时，共享的应用程序和数据驱动了对 ACID 事务和并发性的要求。生态系统中任何成员所做的任何更改都必须是可见的、可审计的和可靠的。针对这一要求，需要在云计算行业中扩展使用区块链和相关技术。

11.19　SLA 和基准

签署 SLA 支持合同的公司还应该建立一种标准方法来衡量 CSP 的性能。SLA 不仅应该指定最低要求和可变性期望，而且如果 CSP 未能满足服务级别或未能在指定时间内将服务恢复到适当级别，那么还应为消费者指定适当的补救措施。服务定义和指标应该是明确的。

11.20　供应商退出

　　云解决方案架构师应该优先将风险缓释作为任何解决方案设计的一部分。仔细设计供应商退出战略计划的优先级应被设置在使用任何云服务之前。风险缓释需要对所有被认为对企业至关重要的云服务的二级(在某些情况下是三级)供应商进行识别和验证。

11.21　安全性

　　云计算的安全性一直是一个十分重要的关注点，但主要关注的是用户数据隐私。当采用云服务时，终端用户无法控制存储位置。除了 SLA 指定的限制之外，它们还缺乏关于存储位置的知识。

11.22　安全控制

　　安全控制作为一种工具，能将可能的操作列表限制为准许或默许的操作。名为云安全联盟(Cloud Security Alliance)的行业组织在名为"云控制矩阵"(Cloud Control Matrix)的参考文档中记录了完整的数据安全控制列表。云控制矩阵是一个重要工具，旨在帮助安全专业人员根据适用的行业法规或安全治理环境来识别和选择数据的安全控制。

　　安全控制通常被描述为属于以下三类之一。

- **管理**：管理总体信息安全要求和控制的法规、政策、法律、指南和实践。
- **逻辑**：虚拟技术和应用程序控制，如防火墙、加密、反病毒软件和程序制造商/检查员。
- **物理访问**：用于管理物理访问，如门的钥匙。其他物理控制包括大门和路障、视频监控系统、雇用警卫和设施远程备份。

　　虽然对于有效的环境控制是至关重要的，但它们并没有就风险缓释的程度给出明确的指导。

　　数据管理控制可以分为指令控制和威慑控制。

- 指令控制推动目标事件的发生，例如员工有效地实现目标。在这种情况下，正式编写的程序手册将是一种指导控制，因为它们将鼓励员工以有效的方式执行特定的职能。
- 威慑控制旨在通过发出"最好不要攻击"的信息来阻止潜在的攻击者，但即使这样做了，目标也可以自卫。威慑控制的例子包括监控和记录的通知以及健全的信息安全管理的可见做法。

可视为缓解性控制规则的控制行为如下。

- 预防控制：防止数据丢失或发生损害。
- 检测控制：对活动进行监控，以确定哪些做法和流程没有得到正确遵守。
- 纠正控制：将过程或系统恢复到事前状态。

扩展数据保护的控制如下。

- 恢复控制：用于恢复丢失的计算资源或功能，并帮助组织恢复正常运维，恢复由于安全违规或突发事件造成的金钱损失。
- 补偿控制：加强或替换因任何原因而不可用的正常控制。这些通常是后备控制，通常涉及更高级别的监督和/或应急计划。
- 控制还应该标识为手动或自动的。

图 11.1 对安全控制进行了描述。

控制组		控制类别		控制类型		
				行政性的	技术性的	物理性的
	管理控制		指令控制	政策	警告标语	"请勿进入"标志
			威慑控制	降级	违反报告	"当心狗"的标志
	减损控制		预防控制	用户注册	密码令牌	栅栏、护柱
			检测控制	报告的评论	审计日志、入侵检测系统	传感器、CCTV(闭路电视监控系统)
			纠正控制	解雇员工	连接管理	灭火器
	扩展控制		恢复控制	灾难恢复计划(DRP)	备份	重建
			补偿控制	监督、岗位轮换	按键记录	分层防御

图 11.1　安全控制

安全性是十分关键的运维元素，云解决方案架构师在开发全面的企业解决方案时还应该考虑以下所有方面。应该注意的是，其中许多组件实际上属于公司治理范围，因此不在技术解决方案的设计范畴内。然而，如果不能解决这些问题，可能会阻碍任何云计算解决方案的部署和成功。如前所述，企业文化上的变化是向云迁移的重要组成部分。有效的 IT 治理是企业文化变革的基础。

 云安全联盟将这些控制划分为行业标准控制组，有关这些控制组的描述可在以下文件中找到：https://downloads.cloudsecurityalliance.org/initiatives/ccm/CSA_CCM_v3.0.xlsx。

11.23　分布式计算参考模型

各种云服务模式以许多不同且独特的方式公开应用程序、平台和基础设施组件。不同组件之间的不同接口为分布式计算参考模型奠定了基础。一些开放式组织创建了此模型，作为识别和管理云计算解决方案的互操作性和可移植性的一种方法。在将DCRM 作为重要的云计算解决方案工具提供时，本章还介绍了其中的组件和流程。架构师还应该注意，所有交互的执行都是通过行业标准、用户开发的或特定于供应商的API 或网站服务进行的。

可以在 http://www.opengroup.org/cloud/cloud_iop/p5.htm 上找到更多信息。

11.24　本章小结

云计算代表了一种新的交付 IT 服务的运维模式，这带来许多特定的运维要求。本章解释了每一项运维内容，以便它们可以适当地包含在每个云计算解决方案中。由于管理和控制对所有数据的访问十分重要，安全控制也同样重要。

本章将 DCRM 作为一种交流工具介绍。虽然本书中介绍的其他模型都是针对云计算的，但是 DCRM 代表了一种更通用的方法，更适合在不同的云计算和传统设计之间运行时评估可移植性和互操作性。

第 *12* 章

CSP 的性能

云服务供应商(Cloud Service Provider，CSP)并不完全相同。同一云服务供应商的服务性能可能每天都不同。从消费者的角度看，关键性能的特征因云服务模式而异。对于终端用户，SaaS 性能指标被视为业务事务响应时间和吞吐量、技术服务可靠性和可用性以及应用程序可伸缩性。另一方面，PaaS 性能指标由用户间接感知，由吞吐量、事务响应时间、技术服务可靠性、可用性和中间件的可伸缩性定义。IaaS 性能由基础设施性能、容量、可靠性、可用性和可伸缩性定义。

在本章中，我们将介绍以下主题：

- CSP 性能指标
- CSP 基准

12.1 CSP 性能指标

通常，较高服务层的性能指标特性取决于底层技术组件的特性。由于消费者通常不了解技术细节，因此他们可能对性能预期一无所知。

通常用于评估云服务供应商的用户运维指标如下。

- **服务响应时间(延迟)**：服务请求到服务完成之间的延迟时间。
- **服务吞吐量**：云服务供应商在指定时间单位内处理的作业数量。
- **服务可用性**：云服务供应商在任何时候接收客户服务请求的概率。
- **系统利用率**：用于服务供应的系统资源的百分比。
- **系统弹性**：特别是在突发负载下，系统性能随时间推移的稳定性。
- **系统可伸缩性**：当大小或容量被更改时，系统能够很好地运行。

- **系统弹性**：系统适应负载变化的能力。

多个 CSP 性能驱动程序之间的相互作用决定了这些指标。其中最重要的一点是用户与配置 CSP 数据中心的地理位置接近。相对地理位置会影响以下内容。

- **服务响应时间(延迟)**：受数据中心物理距离和消费客户数量的影响。
- **服务吞吐量**：取决于网络拓扑的性质和数据中心与消费客户之间的网络技术。
- **服务可用性**：取决于那个位置的服务容量和消费客户的数量。

非地理性能驱动程序主要受数据中心的物理和逻辑设计选择的影响，包括以下内容。

- **系统利用率**：使用率占系统最大 IT 服务能力的百分比。
- **系统恢复能力**：系统从故障中快速恢复的能力。
- **系统可伸缩性**：增加或减少应用于特定客户请求的资源的能力。
- **系统弹性**：系统响应客户增加或减少应用资源的请求。
- **基础技术可变性**：云服务供应商在全球系统中的技术一致性水平。
- **速率限制**：云服务供应商明确采取措施限制所请求服务的数量、质量或响应的能力。
- **延迟**：在使用或执行某个指令时发生的服务延迟。

12.2 CSP 基准

随着云服务供应商的数量和种类不断增加，消费者面临着与他们应该期望的服务水平间越来越大的信息差异。云服务和服务配置的选择标准，就是要能够最好地满足为云部署选择的应用程序的价格和性能要求，这显然是一个复杂的问题，消费者在处理这个问题时，这个挑战尤其令人困惑。

对于云解决方案架构师，可通过将预期的 CSP 服务水平及功能与 CSP 服务的行业基准进行比较，以解决这一挑战。建立有用的云计算行业基准的挑战包括：

- 云服务供应商的绝对数量和市场上云服务的多样性。
- CSP 平台广泛的地理分布，通常跨越许多不同的位置。
- 地缘要求与限制。
- 广域网的性能。
- 多种 CSP 业务、价格和服务模式。
- 服务价格变化的多样性。
- 同一服务在不同时间和不同地点的性能可变性。

此外，服务可以按小时、月、年或通过现货市场进行消费。几乎每天都推出新产品，价格每周都在变化。例如，亚马逊每月都会进行价格变动。最好的行业基准研究之一是莱斯大学和 Burstorm 公司之间的合作，他们建立了业界第一个全面且持续的性价比基准。表 12.1 和表 12.2 分别给出了测试范围和供应商的位置。

表 12.1　测试范围

供应商	实例类型数	位置数	产品数
AWS	30	3	90
Google	14	3	42
Rackspace	9	3	27
Azure	18	3	54
Linode	9	3	27
HP	11	1	11
Softlayer	5	3	15
可选择的总数	96	19	266

表 12.2　供应商的位置

供应商	北美	欧洲	亚洲
AWS	Ashburn US	Dublin IE	Singapore SG
Google	Council Bluffs US	Saint-Ghislain BE	N/A
Rackspace	Grapevine US	Slough GB	N/A
Azure	Galifornia CA	Omeath IE	Singapore SG
Linode	Fremont US	Loadon GB	Singapore SG
HP	Tulsa US	N/A	N/A
Softlayer	San Jose US	Amsterdam NL	Singapore SG

　　使用高度自动化的处理，第一个基准测试跨越三个大洲(北美洲、亚洲和欧洲)的 7 个供应商(Amazon、Rackspace、谷歌、微软、HP、IBM 和 Linode)，共有 266 个计算产品分布在每个供应商的三个位置。基准测试每天执行一次，持续 15 天。将结果标准化为 720 小时的月度价格模型，以建立性价比指标。这些结果显示如下：

- 单个供应商的性能范围可以有很大的差异，如图 12.1 和图 12.2 所示。

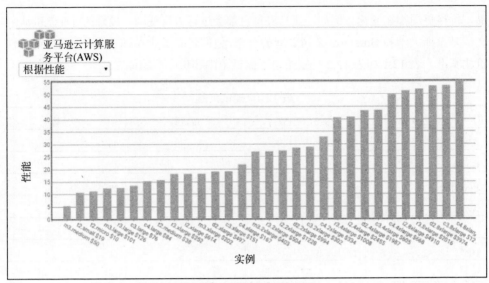

图 12.1　AWS 的性能范围

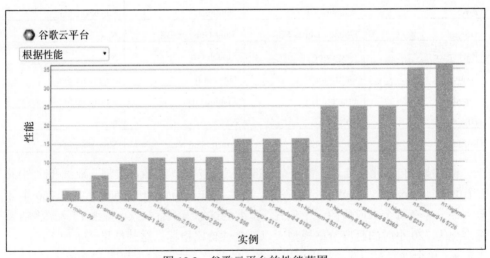

图 12.2　谷歌云平台的性能范围

- 不同 CSP 提供的平台和解决方案的多样性可能导致单核实例性能差异高达 622%，如图 12.3 所示。

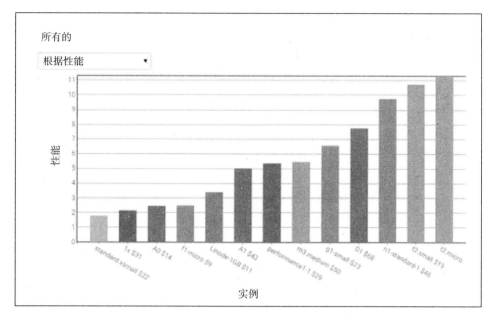

图 12.3　查看性能差异

● 四核心计算的性价比差异达到 1000%，如图 12.4 所示。

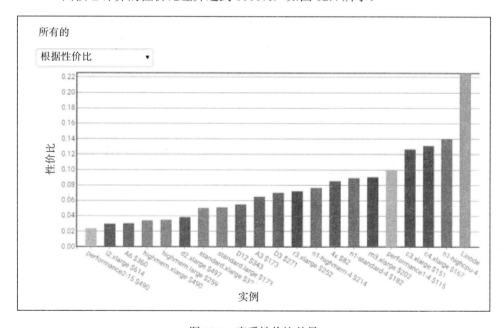

图 12.4　查看性价比差异

● 随着时间的推移，实例性能的波动可能高达 60%，如图 12.5 所示。
● 当在不同的位置测量时，实例类型的可用性和性能有很大的差异。

　　随着时间的推移，实例类型、价格、性能和按位置提供的服务的可用性都快速发生了变化，这表明在唯一事件中对一小组实例类型进行基准测试对于云计算来说是不够的。即使在进行本研究的短时间内，微软和谷歌也更新了自己的基础设施和价格，如图 12.6 所示。

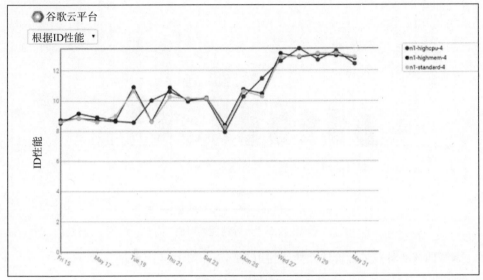

图 12.5　查看性能波动

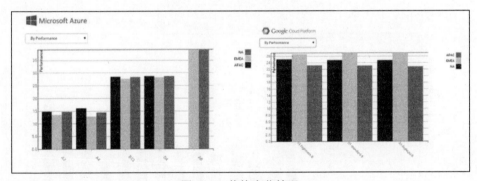

图 12.6　价格变化情况

服务水平协议

　　云标准客户委员会为云服务水平协议的设计和实施制定了行业最佳实践。可以在 http://www.cloudcouncil.org/deliverables/practical-guide-to-cloud-service-agreements.html 找上到这些建议的便捷摘要。

12.3　本章小结

在设计和部署云计算解决方案时，常常忽略性能指标。这尤其令人不安，因为应该使用服务水平协议来定义和跟踪它们。

随着云服务供应商的数量和种类不断增加，消费者必须主动识别和选择性能指标，因为这些应该构成服务水平协议的基础。云解决方案架构师还必须能够将预期的 CSP 服务水平指标和功能与这些服务的行业基准进行比较。

第 *13* 章

云应用程序开发

采用云计算模型必然导致组织的应用程序开发过程发生变化，这是由于云服务消费者无法真正控制云应用程序的底层基础设施。在传统的软件开发生命周期中，应用程序开发人员可以对使用的硬件施加方向控制，有时甚至可以完全控制这些硬件。当应用程序要被部署到 CSP 时，既不可能控制底层基础设施，也不可能看到底层基础设施。图 13.1 对这两种方式做了对比。安全性的关键方面包括执行和监控云服务供应商所需的安全控制的责任。数据的安全性是坚持云应用程序开发基本设计原则的主要原因。

本章将介绍以下主题：
- 核心应用程序的特征
- 云应用程序组件
- DevOps
- 微服务和无服务器架构
- 应用程序迁移计划

图 13.1　传统方法与使用 CSP

13.1　核心应用程序的特征

13.1.1　松散耦合

在云中运行的应用程序组件的松散耦合最大限度提高了每个组件自给自足的能力。这种方法从逻辑上将组件分开，并导致更直接、更少的交互，从而提高了应用程序的弹性和可移植性。交互不应该是可以通过时间控制的，因为无法可靠地预测基于云的组件之间的通信延迟。

13.1.2　面向服务

面向服务是一种设计方法，侧重于服务和基于服务的开发之间的联系以及这些服务的结果，又称为**面向服务的架构(Service-Oriented Architecture，SOA)**。服务会做以下工作：

- 在逻辑上表示具有指定结果的可重复业务活动(例如，检查客户信用、提供天气数据、合并钻取报告)。
- 被设计成独立的。
- 通常由多个不同的服务组成。
- 判断是否从服务消费者那里提取了技术细节。

云应用程序被组织为一个或一组服务，并可能使用其他服务。它们最常见的特征如下。

- **稳定的接口**：云应用程序接口不应该随时间而变化。任何变化都应该向后兼容。组件接口更改可能需要与其他组件进行重大的重新集成，这可能会对生命周期成本产生负面影响。
- **描述的接口**：云应用程序接口必须是人类和机器可读、可描述的。需要人类可读来支持组件获取和集成。需要机器可读来发现和组合动态服务。
- **市场的使用**：通过应用程序市场可以轻松快速地访问基于云的产品和服务。使用市场，确保了高产品质量和一致的设备兼容性。它们还为用户提供了竞争产品之间的选择自由，并增强了应用程序和数据的可移植性及互操作性。
- **REST**：表述性状态转移(Representational State Transfer，REST)使用统一的接口来提供可缓存、无状态和分层的客户端-服务器交互。使用 REST，客户端到服务器的每个请求都包含执行请求所需的所有信息。REST 还支持包含稳定接口的强大、可伸缩且松散耦合的服务。
- **基本事务**：云应用程序通常被设计用来执行具有 **BASE** 属性(基本可用性、软状态和最终一致性)的事务。传统事务遵循 ACID 属性(原子性、一致性、隔离性和持久性)。这意味着事务是可靠的，但在不牺牲可用性的情况下不可能保持一致性，如图 13.2 所示。使用 BASE 时，允许复制资源，并且至少有一个副本可用，但是其他副本暂时处于不同的状态。然而，同步将最终使它们保持一致。有些应用程序需要具备 ACID 属性的事务。在其他情况下，提供事务部分的组件可以使用 BASE 属性与其他组件进行互操作。

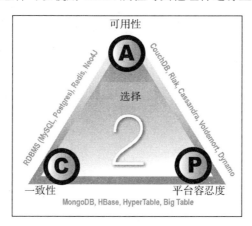

图 13.2　可用性、一致性和平台容忍度的关系

13.2　云应用程序组件

云应用程序由用于创建 Web 应用或移动应用的软件和编程语言组合组成。客户端和服务器端也称为前端和后端。每个应用程序层都基于下一层的特性构建，形成了应用程序开发栈，图 13.3 显示了主要构建块。

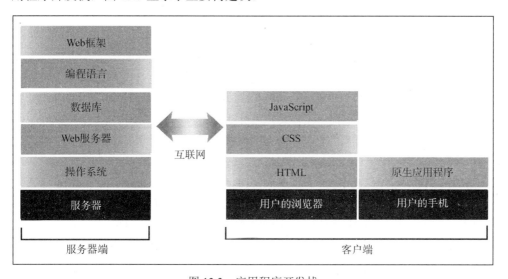

图 13.3　应用程序开发栈

13.2.1 服务器端

在服务器端，云计算行业广泛使用三种开发模型或技术栈：

- LAMP 栈(Linux/Apache/MySQL/PHP)
- WISA 栈(Windows/IIS/SQL Server/ASP.NET)
- Java Web 应用程序开发栈(Linux 或 Solaris/Tomcat/MySQL/JSP)

1. LAMP 栈

LAMP 栈被认为是开源的应用程序开发栈，通常没有与许可、安装、设置或部署开源软件相关的直接成本，但是这个过程确实需要专业知识，否则可能会非常耗时。市场上有许多 LAMP 品种。在部署时，LAMP 栈产品可以直接协同工作。Linux 具有较高性能，但是 PHP 层确实存在一些限制。由于 PHP 是一种解释型语言，因此服务器每次运行时都会解释每个 PHP 脚本。虽然不需要编译和获得一些语言方面的好处，但缺点是性能。**可选 PHP 缓存(Alternative PHP Cache，APC)**或其他加速器可以提高性能。

2. WISA 栈

WISA 栈的核心是.NET 框架。这是一种使用广泛的标准，市场上有大量经过认证的专业人士。这对于执行微软标准的企业来说非常有吸引力。优点包括集群、故障转移、安全性、自动化管理和业务智能特性。.NET 框架是**即时编译的(Just-In-Time)**，支持代码隐藏和提高性能。尽管只需要编译.NET 架构一次就可以带来显著的性能优势，但确实又缺乏可移植性。WISA 栈的**集成开发环境(Integrated Development Environment，IDE)**是 Visual Studio。

3. Java Web 应用程序开发栈

这方面最大的市场份额被 Red Hat 和 JBoss 占有。尽管组件各不相同，但 Java 代码的使用是一致的。然而，性能和发展有很大的不同。Red Hat 使用 Linux Tomcat 服务器，并且完全可以使用 XML 配置文件进行配置。因为 servlet 被编译成 JAR，所以它们提供了脚本技术所没有的信息隐藏和性能优势。MySQL 在 Web 应用程序中运行良好。MySQL 适合于特定的(只读)Web 应用程序，但缺乏 DBMS 功能。

JBoss Web 服务器将**企业应用程序资源(Enterprise Application Resource，EAR)**服务器和 Web 服务器混合到一个产品中。虽然仍使用 Tomcat 服务器，但是没有指定数据库。JBoss 应用程序使用 Hibernate 持久性管理器。应用程序只编写一次，并且可以部署在任何地方。J2EE 标准提供了许多企业级组件，比如事务和池。

13.2.2　客户端

客户端脚本多种多样。设备功能和开发人员技能决定了选择和使用。以下是一些较为常见的选择:

- JavaScript——一种客户端脚本语言。
- REXX——一种 IBM 大型机脚本语言。
- **工具命令语言(Tool Command Language，TCL)**——处理字符串并将命令传递给交互式程序。
- **ASP**——一种动态网面语言，能在 Web 服务器上使用脚本化的页面，并充当后端应用程序和浏览器之间的解释接口。
- **JSP**——使用脚本化的页面，这些页面经过编译后作为称为 servlet 的小程序在服务器上运行。
- PHP——一种嵌入到 HTML 中的开源服务器脚本语言。
- **AJAX (Asynchronous JavaScript And XML，异步 JavaScript 和 XML)**——这不是编程语言，而是一种技术，它使用 XM 和 HTTP 从 Web 服务器请求数据。
- HTML5——用于构造和表示 Web 内容的 HTML 标准的当前版本。

13.3　DevOps

DevOps 结合了企业文化理念、实践和工具来提高组织快速提供应用程序和服务的能力。与使用传统软件开发和基础设施管理流程的组织相比，通过更快的速度和改进产品来实现加速。DevOps 使用了名为基础设施即代码的概念，其中的脚本通过使用 API 将基于云的基础设施实例化。用于配置管理的主要工具如下。

- **Chef**: 使用**领域特定语言(Domain-Specific Language，DSL)**Ruby编写系统配置方法。Chef 安装使用工作站控制主服务器,使用带有 SSH 的刀具(knife tool)安装代理。托管节点使用证书与主节点进行身份验证。
- **Puppet**：用于管理数据中心编排。Puppet 与许多操作系统一起工作，并为主要操作系统提供运维支持工具。安装程序需要每个托管系统上的主服务器和客户端代理。模块和配置使用基于 Ruby 的 Puppet 特定语言。
- **Ansible**：Ansible 不需要安装节点代理来管理配置，而是使用 Python 通过克隆 GIT 存储库进行安装。所有功能都使用 SSH。Ansible 节点管理需要将 SSH 授权密钥附加到每个节点。
- **Salt**: 一种**命令行界面(Commmand Line Interface，CLI)**工具，使用 push 方法进行客户端通信，安装在 Git 或包管理系统中。Salt 通过 SSH 进行通信,还包括异步文件服务器，用于加速文件服务。Python 或 PyDSL 用于编写自定义模块。

13.4 微服务和无服务器架构

随着云计算的发展，应用程序设计技术也在不断进步。比较重要的发展成果是微服务架构风格。应用程序被构造为一组松散耦合的服务，将这些服务组合起来以实现业务功能。微服务架构用于支持大型复杂应用程序的持续提供/部署，还使组织能够发展技术栈。另一个重要的新方法是独家使用第三方服务，这些服务使用即时基础设施配置模型(称为无服务器计算)提供临时容器。使用这种执行模型，云服务供应商可以动态地管理机器资源的分配。价格基于应用程序实际消耗的资源数量，而不是基于预先购买的容量单位。

13.5 应用程序迁移计划

虽然为云开发应用程序是架构师必须了解的一个重要领域，但是大多数大型企业都有一些针对迁移到云环境的现有应用程序。云解决方案架构师需要密切参与这些活动。应用程序迁移通常经历四个不同的阶段：

- 评估组织。
- 定义和设计解决方案。
- 迁移应用程序。
- 运维应用程序。

在评估阶段，迁移团队评估组织的基础设施和目标应用程序，以准备迁移到云计算环境。系统和应用程序所有者的访谈是评估的核心。应用程序所有者回答有关当前应用程序状态的问题作为先决条件。云采用(cloud adoption)本身就是应用程序组合活动。业务应用程序之间的交互和依赖关系可能比数据或应用程序本身更重要。依赖关系使得前期筛选、分析和混合基础设施设计对云准备预筛选至关重要。筛选过程按原样捕获应用程序架构和当前的维护成本，并且还应该为迁移选项的成本效益分析提供基准数据，以支持利益相关者的决策过程。迁移应用程序通常针对以下四个迁移过程之一。

- **提升和转移**：使用适当的 CSP 服务重建所需的基础设施，应用程序按原样迁移，不做任何修改。
- **重构**：修改在自定义基础设施上运行的应用程序，以便在迁移之前利用可用的云服务。
- **重新构建**：组织仍然需要那些不能修改的应用程序，以使用可用的基于云的服务。在将流程迁移到云之前，会重新设计和重建这些应用程序。

- **停用**：对组织来说，不再具有可操作或经济可行的应用程序。相关的流程要么被消除，要么被可用的 SaaS 替代。

在解决方案定义和设计阶段，组织需求和相关的衡量指标用于定义、设计和比较候选解决方案。多云分析平台(Multi-Cloud Analysis Platform，MCAP)通常用于支持此阶段。MCAP 使企业、云服务供应商和系统集成商能够建模、设计、基准测试和优化 IT 基础设施。它们还用于设计和建模预期的系统架构替代方案。在此阶段，审查将要使用的架构选项，以深入了解任务适用性，并了解迁移如何影响应用程序的性能、安全性和可伸缩性。此阶段还包括最终确定所有数据的安全控制要求。安全要求受运维要求、法律或行业监管规定的影响。由于安全性是组织和选定的云服务供应商共同的责任，因此该活动可识别解决方案设计中所有必需的安全控制及应用程序。

在应用程序迁移阶段，首先迁移应用程序到沙箱环境中，以完成功能和安全性测试。在验证功能和安全控制之后，将它们提升到生产环境中。

在应用程序运维阶段，最终的运维实体开始管理基础设施和应用程序。在此阶段，用户必须不断监控 CSP 对**服务水平协议(Service Level Agreement，SLA)**的遵守情况，还需要对所有基于云的资源进行持续监控。组织应该通过比较计划和实际的成本来不断重新调整成本，并且应该推荐一些策略来简化云的使用。随着要求和可用市场服务的改进，迁移向其他云服务供应商可能是更优的选择。

13.6　本章小结

云应用程序由用于创建 Web 应用或移动应用的软件和编程语言组合组成。这些应用程序还应该遵循云的友好特性，如松散耦合、稳定的接口和 REST。最流行的服务器端技术栈包括 LAMP 栈、WISA 栈和 Java Web 应用程序开发栈。许多企业通过采用 DevOps 加快了应用程序开发过程。DevOps 使用了名为基础设施即代码的概念，其中的脚本用于通过使用 API 将基于云的基础设施实例化。虽然为云开发应用程序是架构师必须了解的一个重要领域，但是大多数大型企业都有一些现有的需要被迁移到云环境的应用程序。云解决方案架构师应该使用组织要求和相关指标来定义、设计和比较候选解决方案。

第 *14* 章

数据的安全性

云计算和 IT 消费者的爆炸式增长意味着你的数据以及有关你的数据几乎可以在任何地方使用。传统的安全概念侧重于基础设施防御，而这种不断扩展的数据移动性概念意味着传统的安全概念不再适用。实现与从以基础设施为中心的数据安全模型转变为以数据为中心的云计算安全模型相关的安全性要求对每个现代组织都具有挑战性。然而，作为云解决方案架构师，工作重点是在不破坏终端用户工作流的情况下解决这个问题。以数据为中心的安全模型可以确保企业最重要的资产——数据，数据始终会受到保护。在任何地方保存数据对于云计算商业模式的成功也至关重要。以数据为中心的安全解决方案必须直接保护数据而不是端点设备。设备保护要求总是意味着对目前已采取的安全措施做进一步加强。云计算解决方案的重点是保护用户社区在整个生命周期中存储和使用的数据、文件、文档、文件夹。它们还应该保护正在运行的数据，并分发给内部、外部和合作组织的员工。通过采用 Box、Dropbox、OneDrive 和 Google Drive 等公有云，组织将这些服务视为更智能、更快、协作且高效工作的机会。数据本身是这种数字商务的重要组成部分，因为包含了知识产权、员工信息和客户数据。开发一个以数据为中心，包括数据收集、分类、加密和文件保护的全面的安全程序，可实现单独定位组织来保护数据，并使数据安全移动，以符合**通用数据保护条例(General Data Protection Regulation，GDPR)**等全球规则。

在本章中，将重点介绍以下主题：

- 数据分类
- 数据隐私

14.1 数据安全生命周期

数据安全生命周期分为六个阶段，如图 14.1 所示。

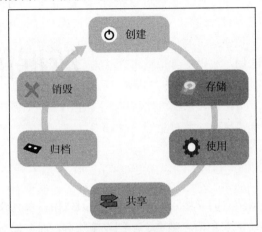

图 14.1 数据安全生命周期

- **创建**：生成或获取新的数据，或者修改/更新现有数据。创建阶段可以在云内部进行，也可以在将数据导入云中之后在外部进行。创建阶段是根据数据内容的敏感性以及对组织的价值来对数据进行分类的首选阶段。需要仔细分类，因为如果内容分类不正确，就可能会实施弱安全控制。

- **存储**：将数字数据提交到存储库，这通常与创建几乎同时发生。在存储数据时，保护机制应与类别和控制(如加密、访问战略、监控和日志记录)保持一致，并进行备份以避免数据丢失。如果没有很好地实施**访问控制列表(Access Control List，ACL)**，或者文件未进行威胁扫描或未被正确分类，那么内容可能容易受到攻击者的攻击。

- **使用**：查看或处理数据，或者在某些活动中以其他方式使用数据，但不包括修改。正在使用的数据最容易受到攻击，因为它们可能被传输到工作站等不安全的位置。

- **共享**：其他人可以访问的信息，例如用户之间、客户之间和合作伙伴之间。由于共享数据不再受组织的控制，维护安全性可能会很困难。数据丢失预防技术可用于检测未经授权的共享，并且数据权限管理技术可用于维护对信息的控制。

- **归档**：数据不再被使用，进入长期存储。考虑成本和可用性可能会影响数据访问过程。仍然必须根据分类对归档中的数据进行保护，还必须合乎法规要求。

- **销毁**：使用物理或数字手段(例如，密码分解)永久性地销毁数据。根据使用情况、数据内容和应用程序的不同，销毁阶段可能具有不同的技术含义。根据数据的规则、使用的云类型(IaaS 或 SaaS)、数据分类等方面，数据可以通过逻辑擦除指针来销毁，也可以使用物理或数字手段永久销毁。

尽管数据安全生命周期解决了数据传输问题，但并未解决数据位置问题。如何访问数据(设备或通道)？通过使用数据可以执行哪些功能？如何授权给定参与者(个人或系统)访问数据？安全的云计算解决方案必须解决所有这些问题。数据安全生命周期应作为在不同操作环境中运行的一系列较小的生命周期来管理，数据能够不断地在这些环境之间移动。法规、法律、合同和其他司法问题使得跟踪数据的物理和逻辑位置成为高度优先的问题。这些方面还控制用户对数据、设备和通信信道的使用权。设备和信道具有不同的安全特性，并且可能使用不同的应用程序或客户端。访问给定的数据时，可以通过三个特定的功能对它们进行操作。

- **访问**：查看/访问数据，访问包括创建、复制、传播和文件传输。
- **流程**：对数据执行事务，包括更新或在业务处理事务中使用数据。
- *存储*：存储数据以备将来使用(存储在文件或数据库中)。

功能由参与者(人员、应用程序或系统/进程，而不是访问设备)在某个位置执行。需要选择、实现和实施安全控制来保护数据。控制将可能的操作列表限制为允许的操作。适当的治理机制通常能推动控制的选择。适用的管理制度包括以下内容。

- **GDPR**：通用数据保护条例(General Data Protection Regulation(Regulation (EU) 2016/679))是欧洲议会、欧盟理事会和欧盟委员会统一并加强对所有欧盟(EU)个人数据保护的条例。
- **SOX**：2002 年通过的萨班斯法案(Sarbanes-Oxley Act，SOX)控制了数据访问，以避免企业欺诈行为。
- **HIPPA**：1996 年的健康保险携带和责任法案(Health Insurance Portability and Accountability Act，HIPPA)为保护医疗信息提供了数据隐私和安全条款。
- **FedRAMP**：联邦风险和授权管理计划(Federal Risk and Authorization Management Program，FedRAMP)为安全评估提供标准化的方法。
- **PCI DSS**：一套旨在优化信用卡、借记卡和现金卡交易安全的政策和程序，可以保护持卡人免受滥用个人信息的侵害。
- **FERPA**：家庭教育权和隐私权法案(Family Educational Rights and Privacy Act，FERPA)保护父母及其子女的教育记录(成绩单、联系方式、家庭信息等)。

云安全联盟提供了一份名为云控制矩阵的参考材料(https://cloudsecurityalliance.org/download/cloud-controls-matrix-v3-0-1/)，其中列出了这些控制制度以及许多其他行业治理机制所需的数据安全方面的控制制度。云解决方案架构师负责识别出所有所需的数据控制，并确保无论数据位于何处或什么哪些参与者试图访问它们，都能对数据实施所需的控制。

14.2 数据分类

考虑到在任何时间、任何地点保护数据的重要性，最关键的数据管理任务是数据分类。理想情况下，创建数据的实体在创建数据时就应立即对数据进行分类。如果不这样做，那么需要根据组织的信息引导由其他人审查和分类数据。数据治理表示管理所有数据的战略和流程，并应包括以下内容。

- **信息分类**：关键信息类别的高级描述。目标是定义高级类别来确定适当的安全控制。
- **信息管理战略**：为不同数据类型规定允许的活动的战略。
- **位置和管辖战略**：数据可以按地理位置定位。法律和监管限制推动了这一趋势。
- **授权**：规定允许哪些员工/用户类型使用或访问哪些类型的信息。
- **所有权**：保护信息的最终责任方。
- **托管**：谁负责在所有者的指导下管理信息。

在对数据进行分类时，最佳实践表明：使用的模式至少应该涉及以下八个关键方面。

- 数据类型(格式、结构)。
- 信息上下文。
- 管辖权和其他法律约束。
- 数据所有权。
- 信任级别和来源。
- 合同义务或业务限制。
- 数据对组织的价值、敏感度和重要性。
- 保留和保存的义务。

分类应该与使用的数据控制相匹配。

14.3 数据隐私

对客户和云服务供应商来说，遵守相关的**隐私和数据保护(Privacy and Data Protection，P&DP)**法律(按地域划分)是任何云计算服务成功实施的一个重要因素。云服务客户和云服务供应商必须通过实施适当的协议和控制措施，共同寻找可行的解决方案。结果应侧重于确保明确的角色以及应有的谨慎和尽职调查责任的归属。P&DP规则不仅影响那些在云中处理个人数据的人(数据主体)，还影响那些使用云计算处理他人数据的人(云服务客户)，以及那些提供用于处理数据的云服务的人(云服务供应商)。数据隐私的关键角色如下。

- **数据主体**：可识别的数据主体是指可直接或间接识别的主体，特别是通过参考识别号或者一个或多个特定于身体、生理、心理、经济、企业文化或社会身份的因素[电话号码，IP 地址]。
- **控制者**：单独或与他人共同确定处理个人数据的目的和方式的实体。当国家法律或法规确定处理数据的目的和方法时，控制者可以由国家法律指定。
- **处理者**：自然人或法人、公共机构、代理机构或代表控制者处理个人数据的任何其他机构。
- **数据所有者**：可以授权或拒绝访问数据的实体，并对数据的准确性、完整性和及时性负责。

在云部署中，组织可能扮演这些角色中的任何一个或所有角色。数据安全控制必须按照数据所有者的指示保护所有数据。为符合隐私及数据保障法律的规定，可能需要处理下列数据分类方面的事宜：

- 适用于任何相关国家或司法管辖区
- 处理的范围和目的
- 必须处理的个人数据类别
- 必须执行的类别
- 数据位置权限
- 允许的用户类别
- 数据保留约束
- 需要确保的安全措施
- 数据泄露限制
- 状态

14.4　个人识别信息——PII

个人识别信息(Personally Identifiable Information，PII)是可以单独使用或与其他数据一起用于识别、联系或定位个人的数据。任何特定数据(如 PII)的分类由有关政府或司法管辖区的法律法规规定。PII 可以分为两类：链接信息和可链接信息。链接信息可用于识别个别人士，并包括下列资料：

- 全名
- 家庭住址
- 电子邮件地址
- 社会安全号码
- 护照号码

- 驾照号码
- 信用卡号码
- 出生日期
- 电话号码
- 登录信息

可链接信息本身不能用来识别个人，但当与另一段信息结合时，可以识别、跟踪或定位个人，包括：

- 国家、城市、邮政编码
- 姓名
- 性别
- 非特定年龄
- 种族
- 职位及工作地点

非个人识别信息(non-PII)是不能单独用于识别、跟踪或标识个人的数据，这方面的例子如下：

- 设备 ID
- IP 地址
- Cookie

14.5 本章小结

数据的安全性是云安全的核心。云解决方案架构师必须在整个组织中建立并维护这种思维方式。将数据放在各处对于云计算商业模式的成功至关重要，而最关键的数据管理任务是数据分类。每个解决方案都必须识别多个数据保护角色，并确保无论组织扮演什么角色，所有必需的安全控制都已到位。

第 *15* 章

应用程序的安全性

在本章中，将介绍以下主题：
- 应用程序安全性的管理流程
- 应用程序安全性的风险
- 云计算的隐患

15.1 应用程序安全性的管理流程

ISO 27034-1标准为实现云应用程序安全性提供了一个非常有价值的框架。该标准的基本原则包括：
- 在整个应用程序的生命周期中定义和分析安全性的要求并持续进行管理。
- 应用程序的风险受安全性要求的类型和范围的影响，安全性要求的类型和范围受三个元素的影响：业务、监管和技术领域。
- 应用程序安全控制和审计估量成本应该与目标信任级别一致。
- 审计过程应该验证已实施的控制是否达到管理层的目标信任级别。

ISO 27034-1 标准还规定了组件、流程和框架，以帮助组织以可接受的(或可容忍的)安全成本获得、实施和使用可信的应用程序。这些组件、流程和框架提供了可验证的证据，证明应用程序已经达到并维护目标信任级别。推荐的顶级流程如下：
- **组织规范框架(Organization Normative Framework，ONF)管理流程**，用于管理 ONF 的应用程序安全性相关方面。
- **应用程序安全性的管理流程(Application Security Management Process，ASMP)**，用于管理组织使用的每个应用程序的安全性，分为五个步骤，如图 15.1 所示。

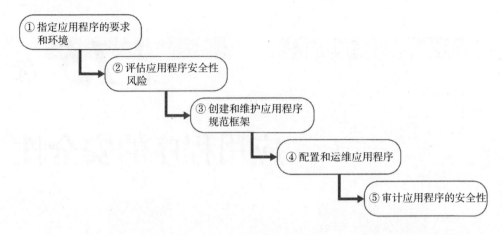

图 15.1　ASMP 的五个步骤

ONF 存储了组织的所有应用程序安全性的最佳实践，以及将从中进行优化或派生应用程序安全性的最佳实践，包括基本组件、利用这些组件的流程以及管理 ONF 本身的流程，还将包含法律、法规、最佳实践以及组织接受的角色和职责。ONF 是一个双向流程，旨在创建持续改进的循环。为保护单个应用程序而产生的创新会返回到 ONF，以在未来加强所有应用程序的安全性。ONF 特定的 IT 治理组件如下。

- **业务背景**：包括组织采用的所有应用程序安全性的战略、标准和最佳实践。
- **法规背景**：包括影响应用程序安全性的所有标准、法律和法规。
- **技术背景**：包括应用于应用程序安全性的可用及所需技术。
- **规范**：记录组织的 IT 功能要求以及适合解决这些要求的解决方案。
- **角色、职责和资格**：记录组织中与 IT 应用程序相关的角色，包括与应用程序安全性相关的流程。
- **应用程序安全性的控制库**：包含根据已识别的威胁、背景和目标信任级别保护应用程序所需的已批准的控制。

ONF 在应用程序级别应用风险评估过程。主要目的是通过特定的面向应用程序的风险分析，获得组织对目标信任级别的批准。

应用程序规范框架(Application Normative Framework，ANF)是 ONF 的子集，包含特定应用程序所需的信息，以匹配应用程序所有者设置的所需目标信任级别。ANF 能标识 ONF 中适用于目标业务项目的相关元素。

ONF 与 ANF 是一对多关系，ONF 可作为创建多个 ANF 的基础，如图 15.2 所示。

配置和运维应用程序涉及应用程序项目中的部署和后续操作，并实际实现了 ANF 中包含的安全活动。审计应用程序的安全性涉及验证和记录有关特定应用程序是否达到目标信任级别的支持证据。

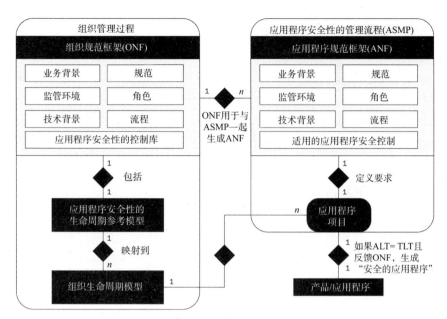

图 15.2　ONF 与 ANF 的关系

图 15.3 描述了整个 ASMP。

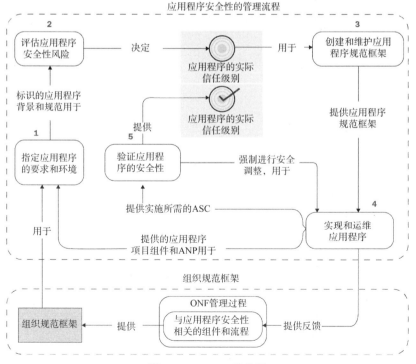

图 15.3　ASMP 示意图

15.2 应用程序安全性的风险

在确定所有适当的数据控制并设计到云计算解决方案中之后，应用程序本身需要强化以抵御攻击。关于强化过程的最佳指导是 OWASP 的前 10 条，其中列出了 10 个最关键的 Web 应用程序安全性风险。有关详细列表以及每种风险的说明，请参阅 https://www.owasp.org/images/7/72/owasp_top_10-2017_%28en%29.pdf。

15.3 云计算的威胁

云安全联盟列举了对基于云的应用程序最关键的威胁。一种安全的云解决方案名为 **Treacherous Twelve**，可以保护所有应用程序和进程不受这些攻击者的攻击。请参阅 https://downloads.cloudsecurityalliance.org/assets/research/top-threats/erous-12_cloud-computing_top -threats.pdf 以下载有关这些关键威胁的详细描述。

15.4 本章小结

ONF 和 ANF 提供标准化，ASMP 提供一致性。云计算通常被称为 IT 的产业化，但是这种价值可能会被有缺陷的应用程序开发过程不可挽回地破坏。应用程序是能够通过任何解决方案提供价值的关键，因此架构师一定要朝着本章所述的目标而努力。

第 *16* 章

风险管理和业务连续性

云计算解决方案可以平衡数据和信息丢失的风险与采用云的业务和任务价值。本章提供了向管理层展示等式两边所需的工具，以便他们能够在整个云计算解决方案架构过程中做出许多复杂的决策。

在本章中，我们将介绍以下主题：
- 框架的风险
- 风险评估
- 监控风险
- 业务连续性和灾难恢复

16.1 框架的风险

云计算中的风险是多方面的，涉及多个参与者。事实上，整个模型依赖于供应商和消费者之间共享的风险模型。

采用云的企业将风险作为相互关联的服务生态系统的一部分，这个生态系统可能不受内部 IT 部门的控制。传统的风险管理设计针对的是相互联系很少且不确定性很低的环境。然而，当今的网络世界是在具有高度不确定性、动态变化且相互关联的系统环境中管理风险的。云计算中关键的风险包括：
- 未能达到财务目标
- 无法在组织和企业文化背景下工作
- 在整合涉及的云服务时遇到不可克服的困难
- 无法履行法律、合同和道德义务
- 无法从灾难中恢复

- 技术上不完善的云服务
- 解决方案质量不高

在开始向云计算迁移时，应该对组织的每个特定风险进行定义并达成一致。

16.2 风险评估

对组织采用云计算的风险进行管理的第一步是评估。在评估过程中，应评估财务、企业文化、服务集成、合规性、业务连续性以及业务或任务系统的质量。

金融风险的影响总是至关重要的，因为这直接影响与云计算迁移相关的所有投资回报。采用云服务时，成本与工作负载和收入直接相关。虽然这种模式确实降低了一些金融风险，但对其他因素的影响却不同。云计算的 ROI 风险概率的关键评估因素如下：

- 利用率
- 速度
- 规模
- 质量

这四个因素直接影响 ROI，因为它们影响收入、成本和实现任何投资回报所需的时间。实际值和预测值之间的差异表明可能无法实现预期的 ROI。

风险与可管理性的关系如图 16.1 所示。

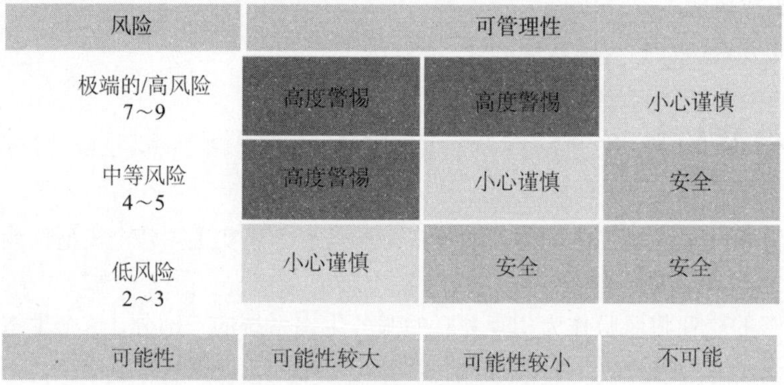

风险	可管理性		
极端的/高风险 7~9	高度警惕	高度警惕	小心谨慎
中等风险 4~5	高度警惕	小心谨慎	安全
低风险 2~3	小心谨慎	安全	安全
可能性	可能性较大	可能性较小	不可能

图 16.1 风险与可管理性的关系

在许多方面，管理云迁移产生的企业文化影响是部署云计算解决方案最具挑战性的方面。在采用任何支持云的业务流程时，组织的高管必须对所有相关的业务迁移制定明确的愿景、方向和支持。建立精确的采购和实施路线图是必要的，可能需要对采购和法律团队进行大量的培训。需要在利益相关者和竞争战略之间协调，以便在存储、计算和网络服务方面建立内部共识。在迁移与应用程序相关的任务时需要彻底了解客户需求。应该使用试点和演示来建立信心，并在用户社区购买和采用云服务。它们还有助于构建所需的迁移技能和云技术知识。可能需要修改组织的财务治理和收购流程，以有效地利用云计算经济模式。

任何规模的组织通常使用来自三个或更多个云服务供应商的服务。服务集成带来的风险涉及流程和技术集成工作。往往存在这样的风险：这种集成不能交付预期的结果。对服务集成的风险评估包括对技术接口细节的评估、组织更改现有系统的能力以及团队中可用的技能集。接口细节提供了支持集成成本的数据。云解决方案架构师可以根据需要对所有接口点进行分类，从而获得初始的定性评估，分类可以使用以下任何一种方法：

- 转换语法，这种方法相对直接。
- 修改语义兼容性，可行但代价昂贵。
- 更改流程模型，如果服务具有完全不同的流程模型，则需要更改流程模型。

在评估组织更改现有系统的能力时，使用类似的分类过程。任何重建工作的风险都很高。

产生合规性风险的一个重要来源是外部服务或系统的强制性或必需接口。在法规或公司政策的推动下，这些规则通常将数据限制在特定的地理区域或法律管辖范围内。还可能有一组最低限度的安全性、完整性或机密性控制。在线或离线的保留期限也经常被指定。这些类型的限制特别适用于个人和财务数据。尽管未能达到这些规定的影响各不相同，但通常包括经济处罚和不利于运维的执法行动。外部云服务供应商的依赖性会增加违规的可能性，即使补偿合同条款已经到位，因为不可抗力可能会阻止供应商履行这些条款。

管理业务连续性的风险可能来自外部服务、内部系统或物理灾难。诸如供应商合并和收购、意外破产或合同取消等商业活动也可能影响运维的连续性。由于直接控制级别的降低，云计算模型可能更难响应这些类型的更改。作为风险分析的一部分，评估可能损害企业的意外事件的发生概率及其可能带来的影响，还要对可能会破坏使用的云服务或损坏数据的意外事件进行一般性规定。确定风险之后，将其构建到解决方案的设计要素中，以降低风险发生的可能性或减轻影响。

如果解决方案不能满足终端客户的期望，那么可将此类风险归类为系统质量风险，影响体现为利润率的降低和 ROI 的损失。关注的具体质量领域如下。

- **功能**：与是否使用外部的基于云的系统相关的因素(如解决方案规范的质量)相关的风险。
- **性能**：未能满足所需的运维或技术指标。
- **可用性和可靠性**：以平均故障间隔时间(Mean Time Between Failure，MTBF)和平均修复时间(Mean Time To Repair，MTTR)衡量是否具有可靠性。
- **容错**：由于单点故障(Single Point Of Failure，SPOF)或无法在指定的服务窗口中容纳多个故障而导致可用性风险过大。

- **可恢复性**：如果发生故障，无法从故障或过多的数据丢失中恢复。
- **响应性**：根据用户响应时间和响应可变性规范来衡量响应不充分的解决方案，主要由于吞吐量过载导致响应降低。
- **可管理性**：可配置性、报告和故障管理方面的因素，主要与云服务的配置相关。
- **安全性**：与互联网可访问性和共享安全控制模型相关的风险。不满足安全要求可能导致财务损失、数据不可用、敏感信息泄漏、声誉受损以及不符合隐私规定。使用多个 CSP 还可能带来详细的安全安排，从而带来在数据安全防御中引入漏洞的可能性。

16.3 监控风险

风险管理是解决方案架构开发的组成部分。因此，应该在架构开发过程的每个重要决策阶段重复进行风险评估，这确保了风险暴露水平可以继续让人接受。由于云服务的采购是一项运营成本而不是资本性支出，因此云解决方案必须包含持续的服务监控组件。

对云服务适用性的风险评估应该在解决方案的开始及其整个生命周期中完成。如果云服务供应商引入了更改，或者在更广泛的市场中提供了替代服务，那么应该重新评估服务。这种要求是维护和更新每个关键的云解决方案服务的行业基准的基础。行业基准数据也是协商 CSP **服务级别协议(SLA)** 的重要输入。

16.4 业务连续性和灾难恢复

如果一个解决方案不能将服务交付给目标消费者，那么它就是毫无价值的。这就是在构建云计算解决方案时应该始终包括业务连续性和灾难恢复的原因。尽管云解决方案架构师可能对解决方案的部署影响很小，但优秀的云解决方案架构师在提出建议的解决方案之前，会考虑以下关键的 BCDR 问题：

- 如果调用 BCDR，推荐的云服务供应商能否提供所需的服务弹性？
- 是否有其他 CSP 能够在类似的 SLA 下交付所有所需的服务？
- 推荐的 CSP 是否具有可用于及时复制数据的网络带宽？
- 受影响的用户群和 BCDR 位置之间是否有可用带宽？
- 是否有任何法律或许可限制禁止数据或功能出现在任何 CSP 数据中心的位置？

云计算解决方案的灾难恢复选项可分为三类：

- 内部部署数据中心使用 CSP 来支持 BCDR 需求。
- 云服务消费者依赖于 CSP 冗余基础设施来支持 BCDR 需求。

- 云服务消费者从主 CSP 转移到次 CSP 以支持 BCDR 需求。

云解决方案架构师应该为任何推荐的云解决方案推荐最实用的 BCDR 路径。考虑到以下规划因素，BCDR 方案对所有关键风险要素的影响应被视为支持性数据：

- 枚举数据和关键组织流程资产的重要性和优先级。
- 这些资产的当前位置。
- 数据资产与所有相关处理站点之间的网络带宽和传输成本。
- 企业员工和业务伙伴的实际位置和潜在位置。
- 枚举预期的灾难事件和方案，并进行优先级排序。
- 为每个预期事件或方案启动 BCDR 活动的流程。
- 返回到每个事件或方案的正常流程。

16.5　本章小结

云计算将风险管理带到信息技术的最前沿。过去规避风险的反思性管理决策，将导致当今世界企业的迅速倒闭。为了明智地使用他人的基础设施(也称为云服务供应商)，需要有健壮的风险管理流程，具有持续监控和快速反应的能力。BCDR 本身就是一种风险管理流程，并且也应该利用 CSP 功能。

第 *17* 章

动手实验 1——单服务器的基本云设计

云架构可能很困难。有时，我们会让它变得比我们需要的更困难。云计算正在改变一切，因为它是一种经济上的创新，而不是一项技术。云计算是由经济效益驱动的，而非受技术驱动。每一项新服务都将通过重新组合战略、技术和经济因素来继续推动经济的发展。容器和无服务器正在使用新的经济模型来改变基础设施和软件的部署方式。因为云计算主要是一种经济上的创新，所以需要更新技能集和获得更多的数据来进行决策。

云是答案，但不是所有问题的答案。云不会做出糟糕的决策。云是一种工具，是一种哲学、一种战略、一种心态和一种态度。最重要的是，云是过程。激进地从资本性支出(CAPEX)改到运营成本(OPEX)的代价可能是高昂的，并且可能会失败，也可能解决不了多少问题。将相同的设计从本地数据中心提升到外部云服务供应商会转移问题，但不能解决问题。云计算的成功需要研究、变更管理、治理和比较设计。每一种设计选择都会影响经济因素、战略、技术和风险。

17.1 动手实验和练习

本节第 17~19 章将介绍在复杂性级别日益增加时设计选择的影响。这三章旨在作为循序渐进的实践指南，用于导航通过设计和设计选择，在每一步中产生实时洞察。

本章将从单服务器基础设施开始，然后在第 18 和 19 章中加速介绍更复杂的洞察和方案。建议按顺序阅读这些章，因为每一章都建立在前一章的基础上。

每个示例的复杂性都在提高，增加了对应用程序、应用程序栈、利用率以及一般市场和当前趋势的考虑。书中的例子和练习也可以通过 Burstorm 平台访问，30 天内使用无限制。

17.1.1 复杂性

云通常与诸如较低的成本、速度和简单性等结果相关联，但是，即使在最基本的形式下，云也可能非常复杂。例如，单服务器可以有许多必须考虑的属性。有多少内核？内存多少？外存多少？是虚拟服务器还是物理服务器？什么操作系统？什么类型的连接？服务器是在共享环境中还是专用环境中？没有服务器会怎么样？没有容器呢？

这些看似简单的问题的答案对经济的影响截然不同，对战略的影响也很大。每个属性在本质上都具有技术性，但它们更多地涉及经济学以及经济学如何影响战略。为什么选择虚拟服务器而不是物理服务器？如何更好地加以利用？利用率难道不是指最大化地利用一种昂贵的资源吗？虚拟化仅允许在需要时获取所需的内容呢？并不是。自 20 世纪 60 年代以来，虚拟化就一直存在。

最近的计费模式创新允许在非常短的时间内消耗部分资源。可以更快地部署虚拟服务器。没错，但这为什么重要呢？物理服务器的部署需要大量手动操作、非常昂贵且耗时，而且可能充满人为错误。虚拟机可以非常快速地以编程方式部署，从而消除了与部署相关的大量开销、时间和工作。

虚拟化带来的好处是众所周知的。使用虚拟化的设计已经存在好几年了。然而这有什么不同呢？我们第一次看到推动设计决策的经济模式，例如，预留实例与当前市场利率之间的关系。预留实例需要预付大量的费用，而每月的费用却非常低。什么样的情况更适合预先投入大量资金的长期承诺？这符合什么战略？这对风险有何影响？由于预先支付的费用很高，且承诺要求较多，因此预留实例更适合要流量模式相当稳定的持久工作负载。周期性或季节性的流量模式不适合这种情况，因为要对没有得到充分利用的资源付费。如前所述，主要的变化是，现在可以使用突发或上升周期的移动来创建低点设计，以支持流量模式的增长。

17.1.2 消除噪声

成功的下一代设计师能够快速从需求和愿望中区分出真正的需求。许多事实被情绪、议程、宣传、营销和其他形式的干扰噪音所淹没。简化，然后构建，快速找到最小、最简单的公分母，并在真正需要的地方添加。每个服务器和存储都需要监控、行政管理、经营管理以及维护与支持类型的所有其他活动。基础设施层面的糟糕选择可能会极大地影响经济，因为所有其他要求都会堆积如山。

单服务器并不像听起来那么简单。图 17.1 显示了一组可应用于任何服务器的基本选项。每个属性都有许多选项可供选择。图 17.1 显示了一台服务器的近 63 亿种潜在组合，其他属性(例如外部存储、端口配置、软件、补丁级别等)的注意事项尚未考虑在内。当考虑所有属性时，单服务器的潜在组合可能很快达到数万亿。在添加其他服务器、许可选项、其他设备、其他潜在位置、其他潜在供应商、价格选项、商业模式、消费规则、部署规则以及渗透到每个解决方案设计中的许多其他细微差别时，添加其他组合。

在稍后的示例中，我们看到三个不同的期限选项。可以在 12 个月、24 个月或 36个月里选择期限。在本例中，我们看到内核可以是 1～12 的任意数字。RAM 可以是 1～16 的任意数字。显然，还有许多其他选项和附加组件，比如监控、管理、授权等。但是，仅仅基本的服务器配置选择就已经将这台服务器置于 60 多亿的组合范围内。

服务器属性	选项数量	被选择的数量
期限	3	1
内核(1～12)	12	1
内存(1～16)	16	1
外存(400～4000GB)	37	1
操作系统类型	8	1
是否为虚拟机	2	1
是否为共享的	2	1
客户端管理	3	1
地点数	3	1
连接1	8	1
连接2	2	1
连接3	2	1
连接4	2	1
连接5	2	1
连接6	2	1
连接7	2	1
连接8	2	1
潜在组合总数	6 285 164 544.00	

图 17.1　一组可用于服务器的基本选项

17.1.3　Burstorm 实验 1——背景(NeBu Systems)

所有的实践练习都将围绕一家名为 NeBu Systems 的公司进行。NeBu Systems 为汽车行业开发软件。近年来，新车内部的处理能力几乎与完整的数据中心相当。随着所有传感器收集的物联网数据和巨大的计算能力被应用，NeBu Systems 正试图从大型单一遗留应用程序迁移到高度灵活的基于云的模块化功能，旨在改变汽车体验。目标是定位以适应某些市场，因为一些功能被广泛采用而其他功能受驱动。理想情况下，功能被作为自定义应用程序添加，类似于向手机添加应用程序或选择汽车颜色和室内装潢类型。

在第一个实验中，NeBu Systems 正在开发一个从一开始就为云设计的新的应用程序，没有遗留的代码要处理，也没有遗留的依赖关系或特定的硬件需求使事情复杂化。代码将使用现代语言编写，这消除了对硬件兼容性的担忧。

17.1.4 Burstorm 实验 1——开始

请发送以下电子邮件至 support@burstorm.com：

- (必填)当前电子邮件地址(必须作为初始密码信息发送)。
- (必填)全名。
- 在邮件主题中包含 **NeBu214495**。

1. 创建新模型

(1) 登录 http://app.burstorm.com/login，输入电子邮件地址和临时密码，登录后需要更改。

(2) 在仪表板/主屏幕上单击 **Design**，如图 17.2 所示。

图 17.2 单击 Design

(3) 单击 **New Project | Model**，如图 17.3 所示。

图 17.3 单击 New Project | Model

(4) 出现一个对话框，要求输入以下基本信息(参见图 17.4)。

- 输入 **Model Name**。
- 将 **View** 下拉列表从 **My Organization** 更改为 **Myself**。
- 滚动到底部，选择 **Create**。

恭喜，模型已经创建。在这个平台中，模型已形象地表示了范围或试图解决的问题。解决一个或一系列问题可能有多种方法。NeBu Systems 正试图从大型的单一应用程序转换成更小的功能代码块和目标应用程序。

有许多方法可以导航范围或问题。NeBu Systems 应该部署在现有的基础设施上吗？应该部署在室内还是室外？应该在现有的配置环境中部署吗？是作为云服务的虚拟机吗？所有这些都是潜在的选择。我们应该怎么开始整理呢？

正如本书中介绍的，在评估当前云的就绪情况、使用新的消费和部署基础设施模式开发新应用程序，以及回收/升级现有代码库时，需要考虑很多事情。本书介绍了许多可以使用的方法和框架。经过几次内部会议、发现会话和规划对话，NeBu Systems 已经确定了前进的道路——选择开发将部署在 Linux 服务器上的新代码，并开始走向更多的开源社区。

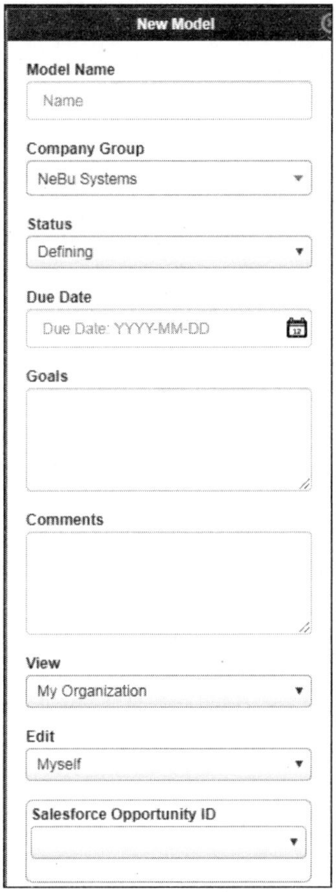

图 17.4　输入基本信息

当代码开始在开发生命周期中导航时，资源要求往往会随着每个阶段而增加。初始开发由相对较少的人处理，在构建和测试初始代码时，只需要很少的基础设施。随着开发的进行，需要更多的人和基础设施来执行逻辑和资源测试。在测试和开发阶段，开发人员必须确定初始部署和预期容量计划的基础设施要求。负责任的测试应该产生逻辑和资源约束，这些约束将决定初始部署和增长增量。这些答案是否会根据选择的供应商和基础设施而改变？

如果不知道基础设施选项、定价和性能，如何确定初始预期性能水平和基本资源要求？基于 Burstorm 正在进行的基准测试数据，同一个供应商中的相同实例类型，在两个不同的位置，在性能测试中显示的差异高达 700%。这些性能差异可以极大地改变基础设施需求、部署风格和相关的解决方案。在下一个练习中，我们将开始检查特性和属性，这些特性和属性将帮助确定符合技术、战略和经济要求的潜在供应商的简短列表和实例大小。

返回到创建的初始模型并进行验证。模型应该显示为空白的面板，如图 17.5 所示，其中显示了一个名为 Single Server (Reference)的模型。该模型是作为后续模型创建和共享的，如果选择稍后进行配置工作，可以查看该模型。参考模型也被用来作为检查进度和查看预期结果的参考。

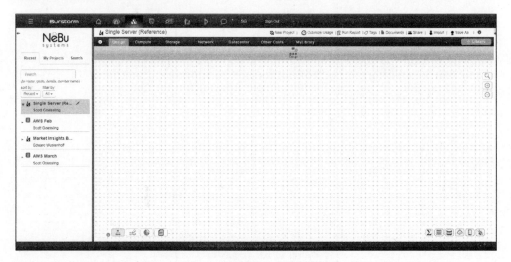

图 17.5　模型显示为空白的面板

2. 创建设计方案

如前所述，了解可用的解决方案组件、它们在何处可用、它们的成本以及如何将它们与其他服务组合在一起，对于从一开始就使用它们非常有帮助。在本例中，将创建单服务器设计，以帮助识别可能影响最终解决方案的潜在供应商、配置和服务，因为开发周期越来越接近 NeBu Systems 的生产部署。

(1) 从界面的顶部中心开始，单击并拖动 **Design** 图标到面板上的任何空白区域。

(2) 应用程序将创建新的方案，如图 17.6 所示。

(3) 输入方案的名称。在本例中，使用 Single Server 作为名称，如图 17.7 所示。可以选择任何有助于记住用途的名称。

(4) 供应商将产品和服务部署在特定的位置。服务通常不是在任何地方都可用，尽管有些服务可以(例如，在客户端场所部署的设备)。内部服务也只能在非常特定的地点提供。因此，定义特征的初始方案之一是位置。NeBu Systems 选择将新的应用程序部署在美国的中心位置。与纽约和洛杉矶等知名度更高、人口更密集的城市相比，这里的风险因素更低。自然灾害的威胁远低于加州。

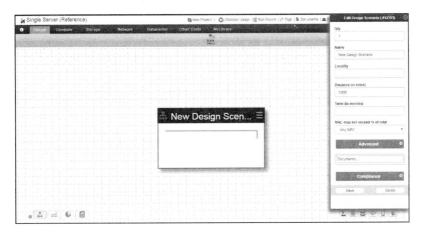

图 17.6　创建的新方案

图 17.7　输入方案的名称

(5) 将 Chicago, IL 添加到 **Locality** 文本框中，作为初始位置，如图 17.8 所示。这将为潜在的解决方案产品和服务设置一般的搜索中心。

(6) 并不是所有的产品或服务都将设在芝加哥。NeBu Systems 公司并没有严格要求必须设在芝加哥。由于其他潜在供应商和位置可能在芝加哥可接受的距离内可用，输入 300 作为映射和匹配可接受供应商、产品和服务时使用的搜索半径，如图 17.9 所示。

图 17.8　输入初始位置　　　　　　　　图 17.9　输入搜索半径

(7) 产品和服务不仅有特定的地点，而且有预先确定的商业模式和消费模式。例如，AWS 的预留实例有一个经济和消费模型，该模型要求至少承诺 12 个月的期限，并预先发生大量的**非经常性成本(Non-Recurring Cost，NRC)**。一旦预付(NRC)费用支付完毕，在指定的承付期限内，每个月都需要支付一笔较小的正在进行的月付款。NeBu Systems 具有战略利益和财务政策，希望更多地强调保留有利于**运营成本(OPEX)**驱动的解决方案的资本。

(8) 将 **Term** 文本框留空，如图 17.10 所示。这将表明没有指定最低期限，并将允许没有最低期限的经济模型做出响应。如果需要预留实例模型，则至少输入 12 个月，而不是留空。

(9) 将 **NRC may not exceed % of total** 设置为 **Any NRC**，如图 17.11 所示，这将不再限制 NRC 的数量。

图 17.10　不指定最低期限　　　　　　　图 17.11　不再限制 NRC 的数量

(10) 将 **Compliance** 设置保留为默认值，并在底部选择 **Create**。

(11) 结果将显示标题为先前输入的名称的方案对话框，如图 17.12 所示。NeBu Systems 选择部署在 Linux 服务器上。应用程序和代码设计对话无法为单个供应商或供应商候选列表提供一致意见。不同的利益相关者有他们自己的议程和优先事项。其中一名管理员希望放置在谷歌那里，因为他在以前的雇主中与谷歌云完成了约定，因此他与谷歌有着良好的合作关系。缘于所有可用的尖端服务的范围，NeBu Systems 开发人员喜欢使用 AWS。销售人员喜欢使用 Azure，因为许多客户都对 Azure 感到满意，并且喜欢 Azure 最近取得的进展和方向。

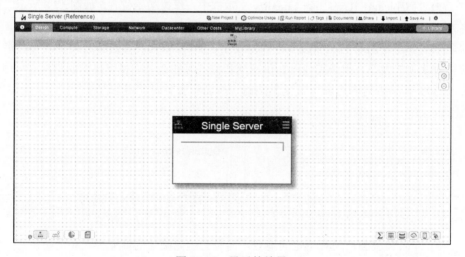

图 17.12　显示的结果

解决这场争论需要什么？数据。实时分析和性能数据将在许多方面提供帮助。许多人可能会考虑 RFP、RFI 或 RFQ 类型的流程。对于本练习，可以将 Linux 服务器拉入方案，并提供实时数据，这些数据可能有助于在选择一个供应商(或一组供应商)时导航这种内部争论的动态。

(12) 单击设计板左上方附近的 **Compute**，如图 17.13 所示。

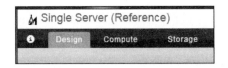

图 17.13　单击 Compute

(13) 一系列预配置的计算选项将显示在功能区中，如图 17.14 所示。单击第一个名为 **Linux** 的图标，拖放到前面创建的方案对话框中的任何空位置。

图 17.14　预配置的计算选项

(14) **Linux** 图标现在应该出现在方案对话框中，并且屏幕右侧出现了一个窗格，如图 17.15 所示。

图 17.15　拖放 Linux 图标的结果

(15) 与 RAM 需求相比，NeBu Systems 预计新的应用程序工作负载和工作负载类型将使用更少的计算能力。当前计划将利用共享平台上的虚拟服务器继续验证概念、测试代码和基本初始性能特征。初始配置将从单核和 8GB RAM 开始。我们将在稍后的步骤中处理外存。

(16) 根据 NeBu Systems 的要求，将 RAM 从 1 更新到 7。另外，从 **Storage** 中清除外存量。我们将在稍后的步骤中处理外存。参考图 17.16 以验证配置是否匹配。

(17) 单击 **Advanced** 工具栏，打开附加选项。确认 **Is VM?** 和 **Is Shared?** 为 **Yes**，如图 17.17 所示。NeBu Systems 的初始解决方案需要从当前市场上的共享 IaaS 供应商之一那里获得一个虚拟服务器。

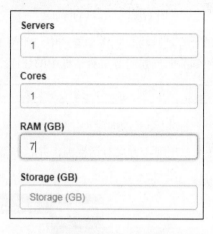

图 17.16　清空 Storage

图 17.17　设置附加选项

(18) 单击底部的 **Save** 按钮，更新服务器配置，如图 17.18 所示。

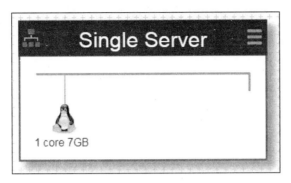

图 17.18　更新服务器配置

3. 设计方案解决方案结果

为了更高效，必须合理控制成本，获得更高性能。世界上有许多供应商，似乎每天都有新的供应商出现。每个供应商都有自己的个性、部署风格、消费模型、价格模型以及可用产品和服务的独特组合。如何组合受欢迎的供应商的候选列表？前面已经说明了两个要求和优先级特征：成本和性能。我们可以从这里开始：

(1) 单击方案对话框右上角的边栏菜单，从下拉菜单中选择 **BurstormIQ**，如图 17.19 所示。

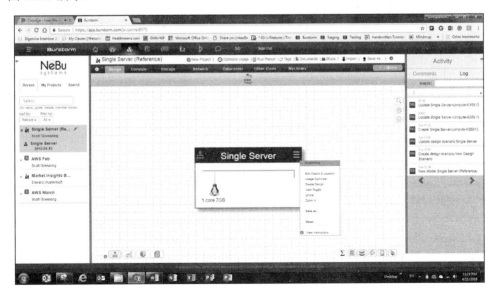

图 17.19　选择 BurstormIQ

在实时情况下，平台将返回一组基于实时 API 连接的供应商、它们的可用产品、服务、消费规则、部署规则和价格，如图 17.20 所示。结果可能会有所不同，具体取决于何时访问实时数据。

Summary	Details	Compare	Objective	Alternatives		
× All Product Sets						
Showing 1 to 4 of 4 entries					Search:	
Solution Set	Location		$/BCU	NRC	Total Cost	
Amazon/AWS Compare ☐	Columbus, OH		$4.26	$0.00	$66.82	Build
Microsoft Azure Compare ☐	Chicago, IL		$7.35	$0.00	$72.00	Build
Century Link Cloud Compare ☐	Chicago, IL		$7.41	$0.00	$74.52	Build
Rackspace Compare ☐	Elk Grove Village, IL		$8.07	$0.00	$142.56	Build

图 17.20　返回的结果

(2) 为了在NeBu Systems测试和部署新功能及应用程序的过程中选择供应商和技术合作伙伴，NeBu Systems希望从更广泛的供应商中看到更多的供应商数据。单击其中包含方案名称的工具栏，这将打开方案本身的特征和属性。把 **Distance** 改为 500，如图 17.21 所示。单击底部的 **Save** 按钮。NeBu Systems 可以立即访问更多的供应商和潜在的服务选项，以满足战略、技术和经济方面的需求，如图 17.22 所示。

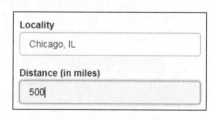

Locality

Chicago, IL

Distance (in miles)

500

图 17.21　修改 Distance 为 500

4. 快速获得高级洞察

成功的云部署不仅需要良好的战略、技术和财务决策，还需要重大的变更管理和治理。视图中显示的实时数据包含来自多个供应商的解决方案选项和一些非常有趣的洞察，NeBu Systems 不仅可以使用这些洞察来支持决策，还可以帮助促进有效的变更管理和建立治理。

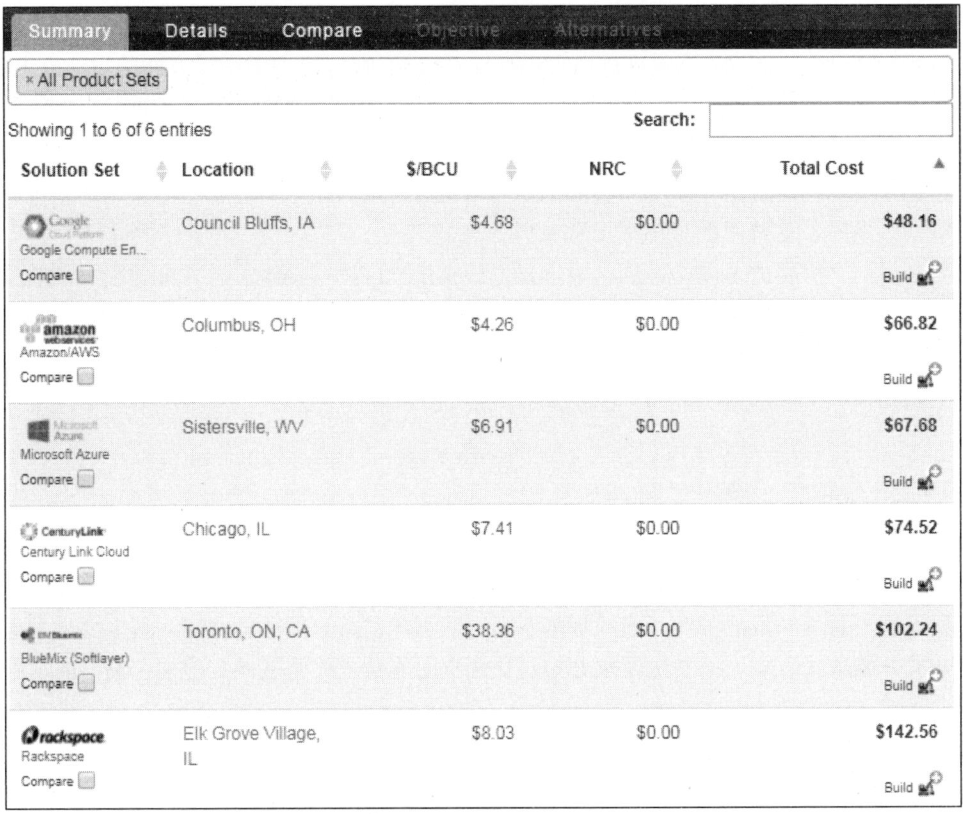

Summary	Details	Compare	Objective	Alternatives

× All Product Sets

Showing 1 to 6 of 6 entries

Search:

Solution Set	Location	$/BCU	NRC	Total Cost
Google Compute En... Compare	Council Bluffs, IA	$4.68	$0.00	$48.16 Build
amazon webservices Amazon/AWS Compare	Columbus, OH	$4.26	$0.00	$66.82 Build
Microsoft Azure Microsoft Azure Compare	Sistersville, WV	$6.91	$0.00	$67.68 Build
CenturyLink Century Link Cloud Compare	Chicago, IL	$7.41	$0.00	$74.52 Build
IBM Bluemix BlueMix (Softlayer) Compare	Toronto, ON, CA	$38.36	$0.00	$102.24 Build
rackspace Rackspace Compare	Elk Grove Village, IL	$8.03	$0.00	$142.56 Build

图 17.22　出现更多的供应商和服务选项

NeBu Systems 表示对伊利诺伊州芝加哥附近感兴趣。确实，NeBu Systems 希望能在中西部地区，以避免美国许多知名度较高的城市和地区的潜在灾难。NeBu Systems 还需要良好的连接选项，因为客户将从全国多个地点访问。弹性非常重要，同样重要的还有控制成本并获得尽可能多的投资。

Bustorm 中显示的数据已自动进行标准化，以便能够实时进行比较。构建云计算解决方案的最大挑战之一是收集和标准化相关数据。设计人员、架构师、战略人员和涉众必须以各种形式收集、标准化和比较当前状态的数据。当前状态的账单数据是相当常见的起点。将账单数据与已部署的信息进行比较，然后再与实际使用的详细信息进行比较，最后与潜在的未来状态选项进行比较。

NeBu Systems 选择开始开辟绿地，因为从战略上说，试图对已经部署的资源进行重新定位或升级循环没有足够的价值。目前的状态仍需要被考虑、被标准化和被比较。从新环境开始并不意味着完全忽略当前状态。在许多情况下，必须将当前状态作为选项进行评估，直到被证明不太理想为止。

构建云计算解决方案是需要协调和平衡的。成功的解决方案需要用经济因素来抵消风险。技术有助于实现战略要求，战略影响技术选择。有时，技术选择也会极大地影响经济因素，而经济因素自然也会影响技术选择。在解决方案结果方面的设计板上，可以看到在价格上(从低到高)差异大于300%。三个成本最低的供应商之间有50%的差异。要求是一样的，为什么价格差异如此之大？是性能差异吗？弹性？位置？规模的基础设施？品牌价值？影响成本的因素有很多。当我们深入了解成功的设计和架构所需的洞察时，这些问题将在下一章中得到解答。

另一个有趣的发现是，三个成本最低的供应商(谷歌、AWS 和 Azure)都不在芝加哥。如果 NeBu Systems 要求在芝加哥，CenturyLink 和 Rackspace 将成为可用的选项。数据还显示，AWS 是基于所请求组件的可用解决方案中性能最好的。性能是 NeBu Systems 的一大要求。下一章将深入介绍详细信息。

17.2　本章小结

解决方案的设计和架构可能充斥着大量不必要的噪音和干扰。许多信息可能具有误导性，而且经常被歪曲。回到基本原则，从不容置疑的事情开始建立基本要求是最好的开始方式。从一些高级要求开始，让洞察而非技术作为基础。建立在洞察的基础上，实现正确的协调和平衡。

在本章中，NeBu Systems 能够从一组非常基本的要求开始，快速评估初始的经济影响，确定要关注的供应商的简短列表，并快速确认一些战略和技术部分。从不容置疑的要求开始可以帮助解决方案设计人员和架构师避免不必要的复杂性和范围蔓延。这种迭代方法允许数据公开可能影响的方向和选择的其他洞察，否则这些洞察将被遗漏。

下一章将探讨更深层次的详细信息和有助于改进云计算解决方案设计的其他洞察。

第 *18* 章

动手实验 2——高级云设计的洞察

成功的云设计需要良好的数据，更重要的是需要决策支持数据。许多转型项目由于沟通不畅、执行不力或缺乏采用而失败，所有这些都可以通过执行良好的变更管理和沟通计划得到解决。成功的解决方案需要实时数据；当用于变更管理和通信计划时，相同的数据是非常有用的。

本章以实时数据为中心，将更深入地研究其他方案数据和洞察，探讨其他基础设施设计选项和理念。在本章的最后，将在审查的选项和做出的决策中考虑其他服务和应用程序数据。

本章将重点介绍以下主题：

- 数据驱动的设计
- Burstorm 实验 2

18.1 数据驱动的设计

复杂性本身并不是罪魁祸首，没有数据支持的复杂性才是。虽然基于成功案例中概述的数据来实现很酷的功能可以被认为是数据驱动的，但这并不是真正的数据驱动方法。在不试图重现他人故事的情况下，迁移已经够难了。为什么迁移如此困难？云计算应该使事情更容易协调和实施。

云迁移有多难？确定内核和 RAM 的数量，添加存储空间，选择具有所需操作系统的虚拟服务器，配置一些带宽，然后开始加载应用程序。这似乎听起来很简单。更好的是无服务器，那就删除服务器，对吗？

由于数据的关系，迁移非常困难。不一定是因为缺乏数据，而是很难识别相关数据并使它们有用。如今，人们认为必须收集多到令人难以忍受的数据，这样才能精确地描述当前的状态。大多数人还认为，建立可信的解决方案和做出准确的决策，同样需要大量令人难以忍受的详细信息。如果不考虑足够多的详细信息，结果将达不到预期。这些假设引出了另一个假设：这些深入的、旷日持久的调查需要大量时间，而且可以通过投入更多的人力和财力来加快速度。

18.2 并非所有数据都有用

在设计解决方案和管理更改时，云迁移失败的最常见原因是使用的数据不是最相关的。数据相关是什么意思？我们如何知道哪些数据是相关的，哪些不是？如何对数据进行分类和排序？相关意味着通过将数据与一组标准进行比较，可以获得一定程度的关注。使用的标准必须先消除不必要的噪声和干扰。

本书经常提到同时结合战略、经济因素、技术和风险才是成功的关键。这四个部分成为过滤和传输解决方案数据的标准。要正确地对信息进行分类和排序，数据必须对所有四个部分都有显著的影响。任何不会同时影响所有四个部分的数据应在稍后阶段处理或作为实施计划的一部分处理。这方面的例子可能包括 NeBu Systems 有意从物理服务器和 monolithic 应用迁移到加载了功能和服务的虚拟服务器。这是战略选择吗？还是技术选择？使用虚拟机和外包服务会影响经济效益吗？使用由云服务供应商提供的虚拟机是否会改变风险状况？

NeBu Systems 基于一些不容置疑的概念做出了一些初步决定：

- 远离 monolithic 应用和编码方法。
- 远离物理服务器，使用当前的虚拟化方法。
- 通过在中西部建立基础设施，将自然灾害和人为灾害的风险降到最低。
- 应用程序可能比处理器更需要内存。
- 如果所有其他决策标准相同，则经济影响是所有决策标准中权重最大的因素。
- Linux 是一项要求，重点是尽可能开源。
- OPEX 模型是必需的。
- 在新的部署投入使用后，部分现有状态的基础设施将被废止。

使用简单的输入数据就足以获得相关数据，这样项目就可以在等待更多可能有用的输入数据的同时，不需要任何附加延迟就可以协作地向前推进。

即便使用有限的输入数据，两三家供应商也显然有希望。对供应商数据进行标准化、比较和排序，如果需要进行任何额外的调查，则应适当关注应该在何处投入时间和精力。根据初始方案的结果，可以得出以下洞察：

- 谷歌为需求提供了最低成本。
- AWS 似乎是(计算)性能最好的。

- Azure 和 AWS 的成本实际上是一样的，因此 Azure 也是可行的选择。
- 三个成本最低的选择都不在芝加哥，但都在中西部。
- 对于相同的请求，响应显示低成本和高成本供应商之间的差异为 300%。
- AWS 和 Azure 的成本几乎没有差别。
- AWS 和 Azure 的性价比相差 50%。这非常有趣，因为价格几乎是一样的。

18.3　Burstorm 实验 2——高级洞察(NeBu Systems)

接下来将深入探讨可以帮助制定下一级决策的其他数据和洞察，其中可能包括以下内容：

- 基础设施的选择。
- 应用程序栈。
- 应用程序的布局。
- 基础设施的足迹。
- 由于数据和洞察被揭示，各种类型的优化变得有趣。

根据响应数据，可以做出下一级决策，以快速完善解决方案并转换为最终解决方案设计的构建块。在接下来的一系列步骤中，每个变更都将继续暴露更深层次的详细信息，这些详细信息可以确认选择，或者突出可能提供更适合战略、技术和经济要求的潜在替代方案。

18.4　Burstorm 实验 2——访问附加的详细信息

(1) 单击窗口中结果栏上方的灰色长条中的 **Details**，如图 18.1 所示。

图 18.1　单击 Details

(2) 单击后，将根据每个供应商返回的结果显示附加的解决方案的详细信息，如图 18.2 所示。

Details 选项卡概述

Details 选项卡在非常狭小的空间中显示了大量数据。布局允许快速把这些数据用于多种类型的比较。数据将直观地显示，因此可以通过引用一致的数据位置建立有趣的连接。

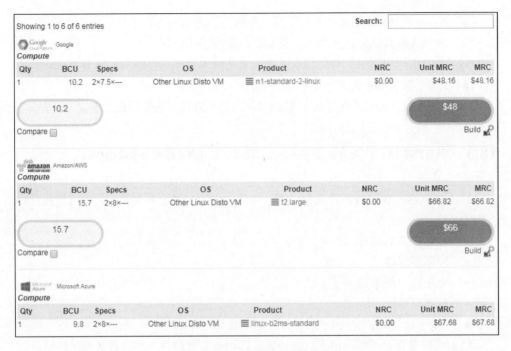

图 18.2　显示附加的详细信息

在供应商的名称下，匹配解决方案产品和服务的数据表在中间显示产品实际的详细信息，选项卡右侧显示所有价格信息，左侧显示所有性能数据。右侧椭圆包含整个解决方案的总成本，包括所需的期限长度。由于 NeBu Systems 没有指定期限，因此使用 720 小时的标准作为标准月份。

在图 18.2 中，可以直观地比较详细信息，以便快速做出决策。分段视图是谷歌对 Burstorm 实验 1 中创建的设计的响应，一起显示了数量、价格、规格和性能的详细信息，以及总价和实时基准性能数据。在本例中，通过比较右侧椭圆中的价格，可以很快确定，针对解决方案组合，谷歌是 AWS 的较便宜的替代方案。AWS 可以根据性能数据快速被确定为更快的替代方案。Google 根据响应中列出的规范提供最小的基础设施规模(尽管没有足够的差异来真正影响与 NeBu Systems 用例相关的性能)。

18.5　Burstorm 实验 2——选择直接比较

数据本身并不能告诉我们多少信息。数据只有在做比较时才有用。然后通过比较得出一些洞察。在 Burstorm 实验的这一部分，比较将产生形成解决方案决策的洞察。

(1) 选中 AWS 和 Azure 的 **Compare** 复选框，如图 18.3 所示。

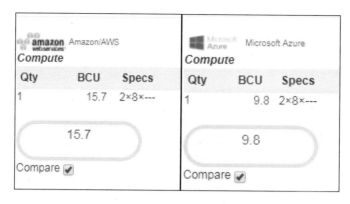

图 18.3　选中 Compare 复选框

(2) 选中要直接比较的解决方案后，单击 **Compare** 选项卡，如图 18.4 所示。

图 18.4　单击 Compare 选项卡

图 18.5 将帮助确认前两个步骤已经正确完成，应将视图调整为并排以比较选中的两个解决方案。

图 18.5　并排显示以比较解决方案

　　每一行都与设计方案中的每个目标完全匹配。在 NeBu Systems 目前的设计中，只定义了一个目标。想象一个有许多行需要映射、匹配和比较的解决方案。现在需要花费很多时间来手动对数据进行标准化和比较。目前，NeBu Systems 只需要单击几下鼠标就能进行设计和比较。富有洞察的数据会立刻显示，这加速了设计和决策的过程。

18.5.1　按价格进行比较

　　云计算解决方案需要深入的数据。只按价格做比较，很快就会出问题。廉价的解决方案可能不是最合适的战略，或者性能水平不合适。本书已经提到经济影响是一项要求，但这不是唯一的要求。在整个平台的许多地方，都会显示一个红色的数字。这是一个标准化的数字，采用价格数据或性能数据，并运行计算，对数据进行标准化，让查看者可以比较几个解决方案和解决方案组件的性能和价格指标。

(1) **Compare** 选项卡的右上角有一个下拉框。确认框内显示的是 **By Price** 选项。这是一种可选方式，可以根据当前对查看者最重要的内容重新排序和优先处理数据。默认设置为 **By Price**，如图 18.6 所示。

图 18.6　默认设置为 By Price

(2) 在刚刚为 NeBu Systems 创建的比较中，哪个供应商的成本最低？成本较低的供应商在左侧还是右侧？有几个直观呈现的线索可以帮助你根据所选的优先级方法快速确定最佳解决方案。在比较 AWS 和 Azure 时，如图 18.7 所示，当前请求的解决方案中成本最低的供应商是 AWS。这种洞察表现在几个方面。首先，因为选择的优化方法是由价格决定的，AWS 响应中的右侧椭圆在按价格排序时表现最好。最佳解决方案始终显示在左侧；同样，在这种情况下，只由价格决定的最佳解决方案来自 AWS。

图 18.7　最佳供应商 AWS

还有一些其他指标可以帮助查看者快速找到高度相关的洞察。在 Azure 解决方案的右侧椭圆内，价格下方有一个红色数字。在本例中，红色数字表示两种解决方案之间的价格差异小于或等于 1%。

另一个快速的指示器是每个响应中每行末尾的红色或绿色提示框。在 AWS 解决方案中，再次给出了最佳答案，但使用的是绿色文本。在 Azure 响应中，红色数字表示这一行的价格差异，如图 18.8 所示。

图 18.8　显示价格差异

根据需求和响应，两家供应商之间的价格差异小于或等于 1%。这种差异太接近，无法明智地选择供应商。需要借助其他数据来帮助选择正确的前进道路。

18.5.2　按性能进行比较

可以快速添加其他数据点以供考虑。1%的成本差异不足以明确地选择最佳解决方案。在后面的步骤中，还将考虑价格分配。

单击当前显示的 **By Price** 下拉框，更改为 **By Performance**，如图 18.9 所示。

图 18.9　选择按性能进行比较

现在将根据标准化的实时性能基准数据对视图进行优先级排序。这些附加的数据使按性能排序的多个解决方案的比较成为组织视图和计算差异的优先级数据集。确认当前视图与图 18.10 一致。

图 18.10　当前视图

有些人可能已经注意到，视图并没有改变。这有几个原因。首先，在左下角的椭圆中，显示的性能数据来自 Burstorm 正在进行的云基准测试服务，该服务随机且持续地实时测试云服务供应商。对于这个解决方案，AWS 的性能数字 15.7 大于 Azure 的 9.8。AWS 的性能比 Azure 好，显示在左侧，因此不需要改变视图。其次，解决方案中只有一行。由于 AWS 是这个解决方案中成本最低且性能最高的，因此不需要更改或重新排序任何数据。同样不需要改变视图。如果 Azure 的性能更高，而 AWS 的成本仍然最低，那么视图会将 Azure 移到左侧，并根据性能对数据进行优先级排序。

有了这些附加的数据，AWS 的成本略低，但速度明显更快。左侧每个椭圆底部的文字将再次直观地显示出哪个是最好的,以及它们之间的区别是什么。查看图18.11,在这种情况下,差异为38%。

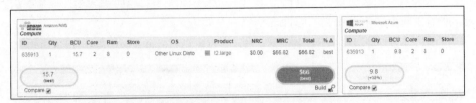

图 18.11　差异为 38%

单看价格并没有多少迹象表明哪种方案是最优的,基础设施的规模似乎也是相同的。

注意,在创建的方案中,请求的基础设施的规模是单核和7GB RAM,如图 18.12 所示。平台会自动更正以匹配供应商销售产品和服务的方式、消费方式以及产品和服务的部署方式。

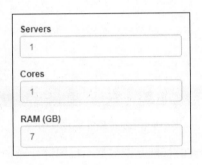

图 18.12　请求的基础设施的规模

在此方案中,AWS 和 Azure 都把请求的计算资源部署为一台双核、8GB RAM 的虚拟主机。

将请求的详细信息与每个供应商的响应详细信息做比较,如图 18.13 所示。

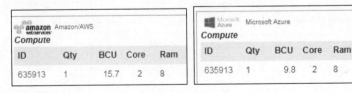

图 18.13　做比较

18.5.3　按性价比进行比较

基础设施的规模没有提供任何有意义的区别。单看价格,并没有显示出哪个供应商明显优于另一个供应商。性能看起来有很大差异,AWS 的表现似乎更好。在比较潜在的云计算解决方案时,另一个非常有用的指标是性价比。在许多情况下,一两个供应商可能在按价格显示时是最优的，而另一个或另一组供应商在按性能显示时是最优的。性价比指标实现了以价值为导向的比较，这些比较将清楚地显示哪个供应商以最低成本拥有最高的性能。当然，其他因素可能仍会影响最终的决策，但是随着解决方案设计的进展，这些数据可以帮助构建强有力的案例。

(1) 再次回到右上角，单击下拉列表，查看数据时选择 **By Price+Performance** 方式，如图 18.14 所示。

图 18.14　选择按性价比查看数据

所有的红色数字会发生更改，如图 18.15 所示。每一行中都会显示**$BCU**。这是每一行中每单位性能的标准化价格。就 AWS 而言，每单位性能的成本是 4.26 美元，Azure 是 6.91 美元。对于相同规模的基础设施，Azure 的每单位性能成本比 AWS 高出 38%。

图 18.15　显示新的每单位性能成本

基于这些附加的数据和目前考虑的数据点，AWS 似乎是最佳选择。只需要很少的时间就可以在 AWS 和谷歌之间进行相同的比较。根据目前方案中包含的要求，谷歌是初始的低成本供应商。

(2) 返回到 **Details** 选项卡并取消选中 Azure，选中谷歌进行比较，如图 18.16 所示。如果选中所有三个选项并将它们并排进行比较，那么几乎完全没有问题。唯一的问题是看不到所有的数据，因为当选择三个或更多的方案进行比较时，必须左右滚动才能看到所有的数据。

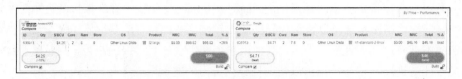

图 18.16　比较 AWS 和谷歌的成本

- 哪个供应商的成本最低？
- 哪个供应商的性能最高？
- 根据性价比数据，哪个供应商是最合适的？

根据要求，谷歌的价格要便宜 28%。单从价格看，这似乎是最优的。AWS 的性能更好，差异为 38%。值得注意的是，如果觉得差异是 50%左右，那么计算出来的差异会不同于实际的差异。基于性价比查看数据，显示 AWS 略受欢迎(10%)，尽管谷歌的成本要低 28%。

18.6　本章小结

在构建云计算解决方案时，需要考虑许多因素。本章检查了其他若干重要数据点：

- 要求的基础设施的规模。
- 根据供应商部署的规模调整更新基础设施的规模。
- 基于消费和商业模式的标准化的基础设施详细信息。
- 基于更新的价格的标准化详细信息，根据部署规则匹配更新的规模。
- 性能数据与分析。
- 性价比数据与分析。

因为性价比对于构建云计算解决方案的设计过程非常重要，所以可以在以下网址找到 Burstorm 的深入论文：https://slidex.tips/download/cloud-computing-benchmark，涉及为什么以及如何包含的许多方面。性价比是重要的数据集，在评估解决方案选项时必须使用它们。

在标准化、比较和选择解决方案时，还有很多详细信息需要考虑。基于非常高级的详细信息，可以选择和关注路径。然后可以添加附加的数据点并进行比较，以确认选择了正确的路径，或者清楚地说明需要不同的路径。这允许项目和决策快速进行，同时减少了比较所有潜在供应商的工作负担。从基础设施开始也可以先创建坚实的基础，因为管理那些不必要地蔓延和传播的环境可能非常昂贵。如果解决方案在错误的方向走得太远太快，将很难改变方向。

基于目前的数据，NeBu Systems 选择在项目的第一阶段使用 AWS。下一章将探讨 NeBu Systems 如何利用 AWS。他们的解决方案在战略和技术上是如何运维的？目前对经济有何影响？使用本章中的相同概念，NeBu Systems 可以有哪些不同之处？应该做哪些改变？有没有更好的选择值得考虑？

第 *19* 章

动手实验 3——
优化当前状态(12 个月后)

在本书的最后几章,数据和洞察快速地确定了谷歌、AWS 和 Azure 这几个供应商,它们都非常适合于 NeBu Systems 在迁移初期所必需的基础设施和服务。根据价格、性能和性价比数据,AWS 被选为 NeBu Systems 初始的云服务供应商。

与许多迁移一样,NeBu Systems 在变更管理和治理方面遇到了挑战。相应地,这又减缓了采用的速度。随着基础设施成本的上升,人们提出了许多问题。NeBu Systems 选择更详细地检查当前状态。NeBu Systems 导入了他们最新的 AWS 账单文件之一,旨在快速确定优化当前状态和控制成本的方法。

在本章中,实时数据和洞察将继续为评估下一步、选项和决策提供坚实的基础。

19.1 使当前状态数据可视化

当前状态数据通常分布在不同的位置、几个不同的工具和许多管理员之间。试图处理当前状态数据的几个挑战在于,数据本身不具有交互性或洞察力。在进行比较之前,数据集合实际上没有任何帮助。对数据进行比较是具有启发性和洞察力的。例如,租赁可以提供关于支付的金额和租赁剩余时间等详细信息。将租赁信息与当前的市场成本和其他解决方案选项进行比较将会更有帮助。例如,当前通过更经济有效的解决方案尽早终止租赁并更新技术,或者仅仅从快速变化的市场和当前的市场经济中获益,都是有益的。

使数据可视化是获得洞察的最快途径。许多人认为人类的感知能力有 75%~85%是基于视觉的。如果问厨师同样的问题,他们会说人类的感知能力为有 75%~85%是基于嗅觉神经(嗅觉)的。如果让一个人练习日式按摩，那么相同的比例很可能来自触觉。科学已经证明光的传播速度比声音快得多，大约比声音快一百万倍。这就证明了视觉是人类感官中速度最快的。我们的其他感官从快到慢依次是听觉、触觉、嗅觉，最后是味觉。处理和快速识别洞察的最好方法是视觉交互。有充分证据表明，视觉上呈现的数据能比任何其他方法更快地获得准确的洞察。

如前所述，在本章中，实验将使 AWS 的账单数据可视化。这些不同的可视化步骤将创建许多进行直观比较的机会，从而产生许多可用来优化或转换当前状态的洞察。本实验将重点确定有助于 NeBu Systems 优化当前状态的洞察，以便更好地与当前项目的战略、技术、经济影响和风险概要相匹配。

19.1.1 可视化数据

为了方便起见，已经为实验导入了 AWS 账单。导入是使用设计板右上角的导入功能完成的，如图 19.1 所示。

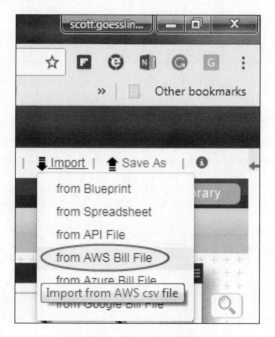

图 19.1 导入 AWS 账单

导入之后，左侧窗口中将显示一个新的项目。导入账单文件后，该项目将作为现有的状态项目添加到项目列表中。请确认 **AWS Feb** 和 **AWS March** 在左侧窗口的列表中，并且用户可以访问，如图 19.2 所示。

单击左侧窗口中的项目名称 **AWS Feb**，将在主面板窗口中打开该项目，如图 19.3 所示。

图 19.2　查看项目列表

图 19.3　打开 AWS Feb 项目

导入的账单数据使账单文件中包含的当前状态数据直观显示出来，包括所有基础设施和服务，以及账单文件详细信息中包含的所有 AWS 用户创建的标记。视图按位置自动分割。

19.1.2　更新 NeBu Systems 的迁移进度

NeBu Systems 在很短的时间内取得了很大的进步。虽然乍一看似乎是成功的，但快速增长和迁移面临许多挑战。正确的变更管理和治理对于成功是至关重要的，但是很难做得很好。

最初，NeBu Systems 在变更管理方面做得很好。随着迁移的进行，团队已经进行了一些调整，以便使用当前的战略、技术和经济因素来重新调整人员。变更管理在过去的几个月中受到了影响，显著减缓了采用率。人们正在回归旧而舒适的方法，而不是接受新的流程、基础设施和更新的服务。

NeBu Systems 在早期采用了大量项目，这导致基础设施的快速增长，支持不断增长的用户群。与此同时，详细信息被忽略了。成本已经超过最初设定的预算。范围蔓延已经成了问题。领导们希望重新审视他们目前的处境，重新定位以使基础设施与当前战略保持一致，并更好地控制成本。

19.1.3　当前账单文件

当前账单文件中包含哪些内容？如何与当前市场进行比较？今天，分析云账单文件是非常困难的。账单文件非常详细。它们通常包含许多不同的服务，具有不同的位置、计费方法、期限、数量以及非常隐晦的方法，以确定使用的产品或服务。许多人尝试下载电子表格和 CSV 文件来逐行分析，这非常耗时且容易出错。大多数自动化工具不具备在整个市场中进行比较和驱动洞察的能力。许多工作需要数天甚至数周的时间来规范化账单数据，并对它们进行比较。云计算解决方案的服务只持续几秒、几小时和几天。在云计算行业中，花费数周时间来分析、比较和设计解决方案是不可取的。自动化和使能化是一项要求。

(1) 在设计板的左下角，一些图标会引导我们以可视化的方式产生洞察。当前应该选择第一个图标。第一个图标会以可视化的方式显示文件中所有内容的逻辑，如图 19.4 所示。

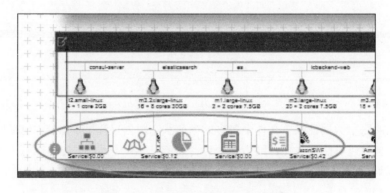

图 19.4　显示文件中所有内容的逻辑

(2) 如前所述，账单文件有四个主要位置，三个在美国，一个在欧洲。单击设计板左下角同一行中最右侧的图标，如图 19.5 所示。

图 19.5　单击最右侧的图标

视图将逐行显示账单文件，并在底部显示总数。图 19.6 显示了**物料清单(Bill of Material，BOM)**的部分视图。

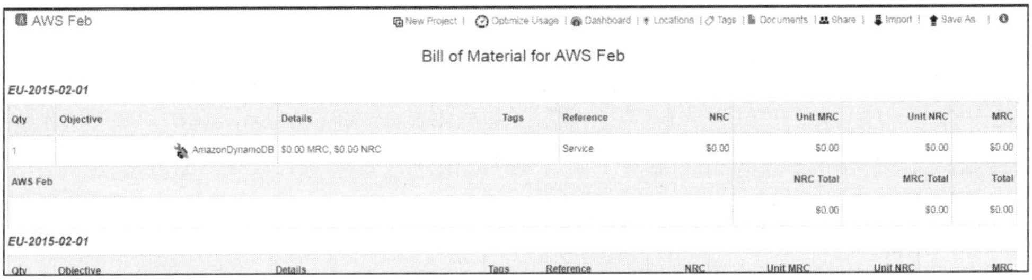

图 19.6　BOM 的部分视图

(3) 使用右侧的小滑块或者使用鼠标滚轮将视图滚动到底部。在视图的底部，中间的椭圆将保存加载的账单文件中指定的收费期限的总数，右侧的椭圆将显示**每月总重复成本(Monthly Recurring Cost，MRC)**。由于是 AWS 账单，服务期限小于或等于一个月，因此 MRC 将与总数匹配。标记为 NRC 的椭圆显示为 0.00 美元，这证明没有使用任何预留实例，如图 19.7 所示。

图 19.7　没有使用任何预留实例

导入的账单文件显示总共为 65 337.13 美元，这是累计账单文件中包含的所有位置的总成本。能够理解数据表达的信息是很重要的。了解仍需要提出哪些问题以及仍需要找到哪些答案也非常重要。例如，这个账单如何分配给每个站点？哪个站点是主站点？目前在每个站点上部署了哪些产品和服务？

(4) 单击设计板左下角的图标。这一次，单击第四个图标，如图 19.8 所示。

图 19.8　单击第四个图标

这将显示一个可以搜索和筛选的列表，再次使用各种方式并排比较数据，从而快速将洞察可视化。如图 19.9 所示，确认视图已更改为正确的位置。

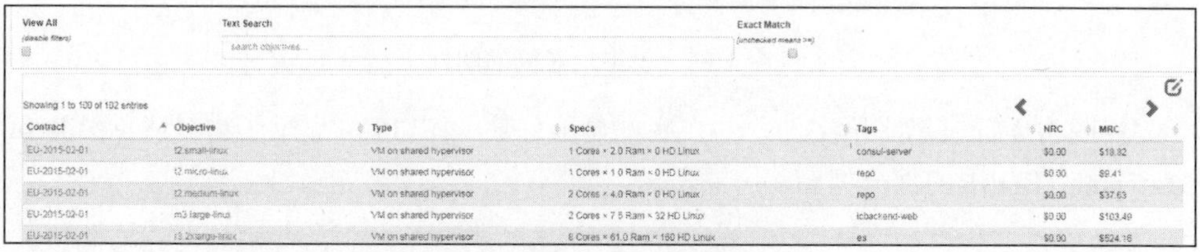

图 19.9　确认视图已更改为正确的位置

(5) 可以通过单击每列的标题对列排序。单击两次 MRC，确认哪个服务的 MRC 成本最高。第一次会从低到高排列。第二次将颠倒顺序，从高到低排列。参见图 19.10，哪种服务最贵？部署在哪个站点上？第二贵的服务是什么？部署在哪里？

图 19.10　对列排序

AmazonElasticCache 似乎是账单中成本最高的服务。一些关于优化的有趣问题表明现在缓存是整个账单文件中成本最高的。缓存通常是一种用于降低其他服务成本的服务：

- 缓存是否按计划工作？是否正确部署？
- 是否按照计划删除陈旧内容和更新内容？
- 缓存服务是否按预期抵消其他更昂贵的服务？
- 圣何塞应该经常缓存这么多内容吗？
- 圣何塞应该是服务于大部分内容的主要位置吗？

以这种方式快速将数据可视化，可以基于揭示的洞察以最有效的方式集中注意力和精力。云架构需要一种敏锐的感觉。云架构正像关注技术细节一样关注经济影响。

该账单将 **AWSDirectConnect** 列为第二贵的服务。这个服务被部署在与缓存服务不同的位置。

AWSDirectConnect 用于将客户端位置直接连接到 AWS，是什么类型的问题表明了这些详细信息？

- 东海岸直接连接的位置如何与西海岸位置相关，并且似乎缓存了大量内容？
- 东部地区和西部地区中的哪个是主要地区？
- 账单文件中有四个站点。其他地点是主要的吗？
- 在 **AWSDirectConnect** 链接上为什么一个月内传输了 2445GB 的数据？是大的迁移还是备份工作？

- 每月在不到 720 小时内传输 2445GB 数据相当于充分利用了 7Mbps～8Mbps 线路。对于低带宽连接，是否有更划算的解决方案？
- AWS 在美国东部 1 号位置直接连接到哪个位置？
- 是否可以/应该将连接到 AWS 的服务迁移到云服务中，以消除与 **AWSDirectConnect** 相关的每月成本？
- 按照目前的市场价格，直接连接到 10GE 端口的价格为每小时 2.41 美元。如果使用 720 小时作为标准月，账单中显示的每月成本将相当于使用三个 10GE 端口以 7Mbps 的速度进行传输。这说明了什么？
- 实际的费用是出站，AWS 不对入站收费。按平均 0.02$/GB 的计费标准计算出站费用，2448GB 应该总计不到 50 美元。同样，这种反常现象的背后有什么原因呢？

(6) 作为伟大的云架构师，深入了解是必需的，还有更多信息可以查看，单击最左侧的 **Contract** 标题，如图 19.11 所示。

Showing 1 to 100 of 102 entries

Contract	Objective
USW1-2015-02-01	AmazonElastiCache
USE1-2015-02-01	AWSDirectConnect
USW1-2015-02-01	RDS
USW2-2015-02-01	EBS HD Volume
USW2-2015-02-01	EBS SSD Volume
USW1-2015-02-01	EBS SSD Volume

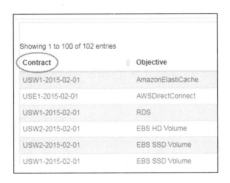

图 19.11　单击 Contract

这样做可以按字母顺序对表格排序。单击一次将按 A～Z 排序，再次单击将按 Z～A 排序。这里只单击一次，向下滚动，找到美国东部 1 号的 USE1，如图 19.12 所示。

EU-2015-02-01	AmazonSWF	Service	$0.00 MRC, $0.00 NRC		$0.00	$0.00
EU-2015-02-01	AmazonSimpleDB	Service	$0.00 MRC, $0.00 NRC		$0.00	$0.00
USE1-2015-02-01	AWSDirectConnect	Transfer	2445GB Xfer		$0.00	$4,529.37
USE1-2015-02-01	m3.medium-mswin	VM on shared hypervisor	1 Cores + 3.8 Ram + 4 HD Windows		$0.00	$89.38
USE1-2015-02-01	AmazonRoute53	Service	$0.00 MRC, $0.00 NRC		$0.00	$29.99
USE1-2015-02-01	AmazonVPC	Service	$0.00 MRC, $0.00 NRC	opsmgt	$0.00	$27.36
USE1-2015-02-01	ElasticIP	Service	$0.00 MRC, $0.00 NRC		$0.00	$24.93
USE1-2015-02-01	t2.small-linux	VM on shared hypervisor	1 Cores + 2.0 Ram + 0 HD Linux		$0.00	$17.47
USE1-2015-02-01	t2.micro-linux	VM on shared hypervisor	1 Cores + 1.0 Ram + 0 HD Linux		$0.00	$8.74
USE1-2015-02-01	AmazonKinesis	Service	$0.00 MRC, $0.00 NRC		$0.00	$8.73
USE1-2015-02-01	EBS HD Volume	Disk	63 GB HD		$0.00	$3.60
USE1-2015-02-01	AmazonDynamoDB	Service	$0.00 MRC, $0.00 NRC		$0.00	$2.05
USE1-2015-02-01	S3 Requests	Service	$0.00 MRC, $0.00 NRC		$0.00	$1.09
USE1-2015-02-01	S3	Storage	3 GB HD		$0.00	$0.08
USE1-2015-02-01	AWSDataTransfer	Transfer	1GB Xfer		$0.00	$0.02
USE1-2015-02-01	EBS HD VolumeIOUsage	Service	$0.00 MRC, $0.00 NRC		$0.00	$0.02
USE1-2015-02-01	EBS SSD Volume	SSD	0 GB SSD		$0.00	$0.01
USE1-2015-02-01	CW	Service	$0.00 MRC, $0.00 NRC		$0.00	$0.00
USE1-2015-02-01	AmazonSNS	Service	$0.00 MRC, $0.00 NRC		$0.00	$0.00
USW1-2015-02-01	AmazonElastiCache	Service	$0.00 MRC, $0.00 NRC		$0.00	$4,779.26
USW1-2015-02-01	RDS	Service	$0.00 MRC, $0.00 NRC		$0.00	$2,975.47

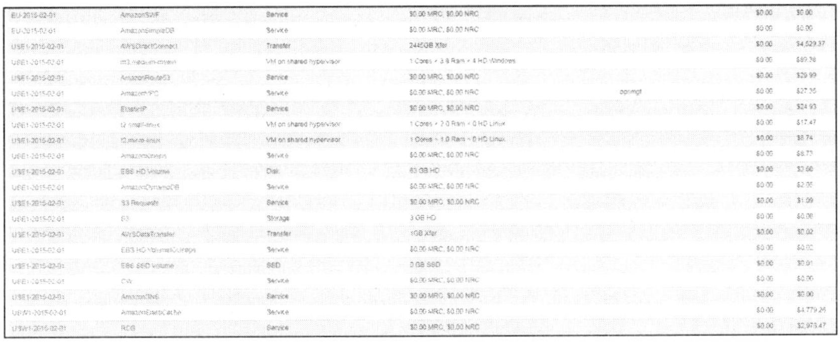

图 19.12　对表格排序

我们看到了更多有趣的数据。但我们似乎没有找到答案,反而发现了更多的问题。查看服务类型(第二列)和每月费用(右侧最后一列)。突出了什么?说明了什么?

- 部署了相当正常的基础设施,这些基础设施可以用于主要位置或备份位置,包括数据库、块存储、计算、S3、DNS 等。
- 成本是最低的,在某些情况下没有花费。
- 看来该站点将被设置为冗余站点;也许是有一些数据的热门网站,但数据量不是特别大。

在查看其他一些详细信息时会出现一些问题:

- 为什么在存储的数据很少的情况下,却有大量的价值数千美元的数据从这个站点转移出去?
- 似乎不显示存储在冗余/备份位置的数据量。
- 与每月 68 000 美元的 AWS 云服务消费者的预期相符。
- 计算成本为零或者接近于零。复制的数据是否经过验证?是否已验证为按计划工作?最后一次检查和测试是什么时候?

解决方案同时具有 DynamoDB 和 RDS。在某些情况下,特别是在云领域,可以将不同类型的数据库用于不同的目的。例如,DynamoDB 只是 NoSQL 数据库,其中 RDS 可以是六种类型之一。DynamoDB 是成本更低的多租户数据库解决方案。RDS 是单租户解决方案,成本高得多。两家公司的价格模式完全不同。

(1) 在当前视图中,在同一页面的顶部有一个 **Text Search** 文本框,在其中输入 dyn,如图 19.13 所示。

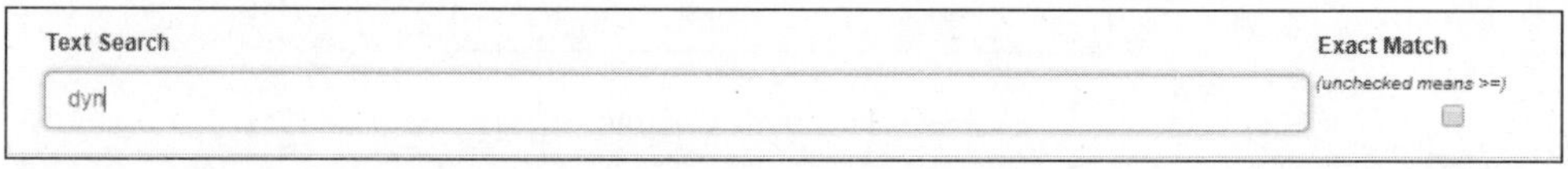

图 19.13　输入 dyn

筛选后的结果立即更改为只显示部署了 DynamoDB 的位置,如图 19.14 所示。

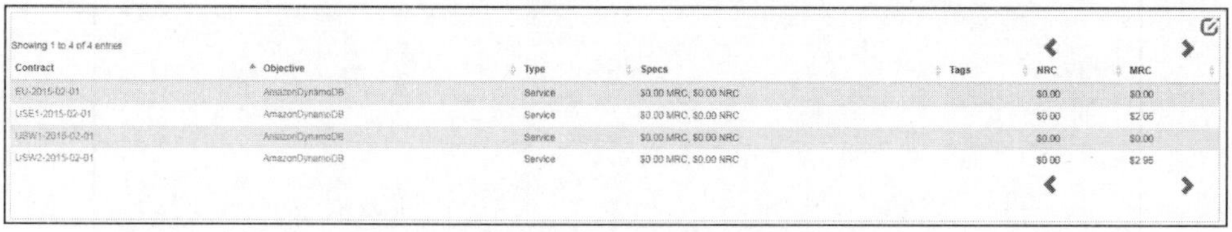

图 19.14　筛选后的结果

筛选后的详细信息显示,账单文件中的所有四个位置都已部署 DynamoDB,或至少已启用。在过去一个月里,甚至更长时间里,几乎没有什么活动:

- 为什么启用这些服务而不使用或者很少使用?

- 这些服务是否存在任何附加的风险，因为它们很可能是部分配置的，或者被设置为基本默认值，但此时没有被锁定？
- 这些与 RDS 有什么关系？RDS 也部分配置了吗？
- 业务的主要服务是什么？
- 应该使用哪个站点作为数据库服务的主站点和备份站点？

(2) 将 Text Search 文本框中的 dyn 替换为 RDS，如图 19.15 所示。

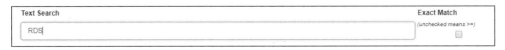

图 19.15　使用 RDS 替换 dyn

筛选后的结果立即更改为只显示部署了 RDS 的位置，如图 19.16 所示。

Contract		Objective	Type	Specs		Tags	NRC	MRC
EU-2015-02-01		RDB	Service	$0.00 MRC, $0.00 NRC			$0.00	$247.60
USW1-2015-02-01		RDS	Service	$0.00 MRC, $0.00 NRC			$0.00	$2,976.47

图 19.16　只显示部署了 RDS 的位置

基于账单文件中的数据，对详细信息进行筛选，结果显示 RDS 仅部署在两个位置。美国西部 1 号似乎差不多是主要的位置

每月有 3000 美元的相关支出。唯一的其他网站是在欧洲，每月的花费低于 250 美元。同样，找到一些答案后，列表中会添加更多问题：

- 可以在多区域部署中设置 RDS。根据这些数据，部署似乎并非如此。应该去验证吗？
- RDS 的单区域部署如何影响对未来状态的建议？
- RDS 的多区域部署将如何影响经济效益和风险？
- 基于数据库的活动，哪个站点似乎是主站点？
- 当试图找到在哪个位置生产时，这可能不是理想的，但依据目前看到的详细信息，可能性非常大。

作为云架构师，必须拥有许多头衔。有时是调查人员，有时也是会计、技术人员、风险经理和战略家。现代云架构师必须在财务和经济方面拥有与技术方面一样多或更多的技能。

随着对 NeBu Systems 当前状态的调查取得进展，必须不断研究详细信息，以便在战略、经济因素和技术上使 NeBu Systems 保持一致。NeBu Systems 似乎在某些领域超支，而在其他领域可能支出不足。技术组合在大多数情况下似乎是可靠的，也有明确的地方需要改进。正如前面描述的，如果没有最佳治理和有限的变更管理，事情确实会变得很快。

到目前为止，已经检查了账单文件中包含的大多数位置。这有助于 NeBu Systems 更好地了解它们的总体位置和消费情况，并确定一些方法来集中优化工作，这可能有助于控制服务蔓延和不断上升的成本。

还需要深入研究账单文件中的各个位置。将现有部署与当前市场进行比较，将很快提供深入的洞察，帮助 NeBu Systems 在继续向云迁移的过程中确定方向和下一步。

单击左下角的第一个图标以切换回设计视图，如图 19.17 所示，下面考虑主要位置的当前状态数据，并与当前市场实时数据进行比较，以帮助揭示更多的洞察。

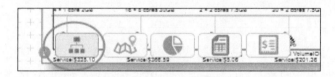

图 19.17　单击第一个图标

视图应该被切换为显示 NeBu Systems 的四个所有位置，以及当前部署在每个位置的任何基础设施和服务，如图 19.18 所示。从这个角度看，每个 NeBu Systems 的位置以及在那里部署的服务都可以单独与当前市场进行比较，以确定 NeBu Systems 可以使用哪些选项来逐项优化设计。

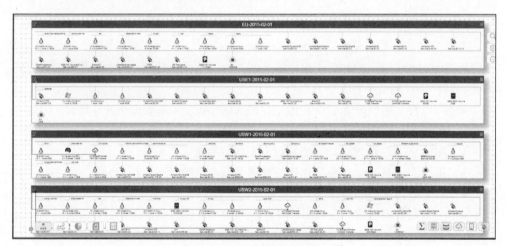

图 19.18　显示所有四个位置

每个服务都有自己的特征、部署规模、使用级别、技术详细信息和经济影响。每个计算服务都有自己的性能特征和可靠性/可用性趋势。每一个数据点都将帮助 NeBu Systems 云架构师调整战略、经济因素和技术要求。

主要位置似乎是美国西部 1 号和美国西部 2 号。下面将重点讨论美国西部 1 号的优化。当前视图显示了计算、存储、服务和连接。选择美国西部 1 号，单击当前状态设计视图中右上角的下拉菜单，如图 19.19 所示。

图 19.19　单击下拉菜单

　　视图需要一两分钟的时间才能改变。实时分析每一项产品，并与当前市场进行比较。一旦视图发生变化，BOM 视图就应该显示在右侧，而设计可视化显示在左侧。确认视图已更改，如图 19.20 所示。

图 19.20　确认视图已更改

　　滚动页面右下角的行。现在应该可以看到三个椭圆，如图 19.21 所示。

图 19.21 显示三个椭圆

同样，数据讲述了什么信息呢？

- 账单数据显示，在计费期间，该位置的总开销接近 31 000.00 美元。
- **每月经常性费用(MRC)**为 31 000.00 美元。
- MRC 等于总数，这意味着所有服务的期限都小于或等于一个月。
- 这些花费都不是 NRC，这意味着 NeBu Systems 目前没有使用任何预留实例。

上述数据为 NeBu Systems 的当前状态服务和支出提供了很好的高级概述。随着优化工作的不断探索，需要更多的详细信息：

- 是什么构成了解决方案的成本？
- 是否有任何战略、经济或技术因素强调了未来国家在考虑时应将重点放在哪里？
- 性能如何被考虑进去？
- 是否可以巩固足迹以帮助控制成本？是否使用了正确或最佳的实例类型？
- 消费模式是否与战略相匹配？

单击屏幕左下角中间的图标，如图 19.22 所示。这将更改视图，以显示每个服务如何影响解决方案的总成本。较大的块意味着项目占总开销的较大部分。这为云架构师提供了一种可视化方法，可以快速识别需要关注的地方，并找到重新调整战略、经济因素和技术的替代方案。

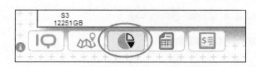

图 19.22 单击中间的图标

确认视图已更改，如图 19.23 所示。几个非常大的块的出现很直接地证明了，在当前状态下，一小部分服务构成了大部分成本。

最大的方块代表**其他(Others)成本**。这些成本是特定于 AWS 的服务，可能会导致供应商锁定。这些服务在不同的供应商之间通常是不同的。可能有其他供应商可以使用的替代方案。需要额外的时间和精力来进一步研究这些问题。**其他成本**占每月解决方案总成本的 31%。

第二大块与 m3-xlarge-linux 实例类型相关联。这种单一实例类型每个月占整个解决方案成本的 28%。可能部署了多个实例，但是这种类型的实例对美国西部 1 号的整个 NeBu Systems 解决方案做出了重大贡献。基于这两个额外的数据点，我们想到了

一些有趣的问题:

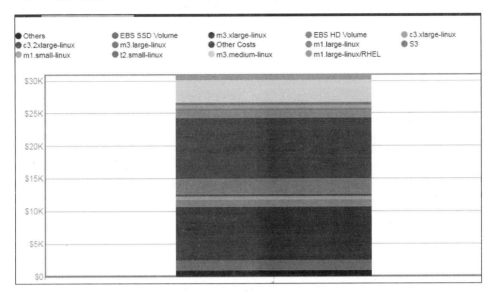

图 19.23　视图已更改

- AWS 特有的服务是什么?
- 锁定对 AWS 而言是问题吗? 需要解决吗?
- M3 实例是较老的实例, 现在已经更新到较新的版本。这些应该升级吗?
- 为什么 M3 实例没有升级到更新的版本?
- M3 实例是一种使用 SSD 存储的通用计算类型。将应用程序划分为与应用程序匹配的更经济有效的计算类型是否更好?
- 较小的实例类型在技术上和/或经济上是否能更好地匹配 NeBu Systems 战略?
- 这些实例在做什么? 它们对解决方案仍然至关重要吗?
- 随着对未来状态的升级和变更的考虑, 哪些新服务可以在战略上、经济上和技术上更好地与 NeBu Systems 当前的方向相结合?

关于 NeBu Systems 如何部署基础设施和服务, 现在已经有了大致的了解。我们已经提出了几个问题, 并且很快就有了很好的优化机会。

单击屏幕左下角的第一个图标, 如图 19.24 所示, 将视图更改为 IQ 视图。

图 19.24　单击第一个图标

视图应该更改为默认显示 **Summary** 选项卡, 从而为整个解决方案提供诸如位置、成本和性价比等高级详细信息, 如图 19.25 所示。

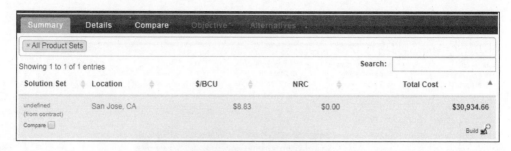

图 19.25　Summary 选项卡

位置被确认为加利福尼亚州的圣何塞(美国西部 1 号)。同样也显示了总成本,另外还显示了两个新的数据片段。首先是 **Solution Set** 列中显示的 from contract(来自合同),这可以区分当前状态的账单文件中的数据以及被实时比较的市场数据。其次是屏幕中间的$/BCU 列,下方的数字是根据上一章末尾深入讨论的基准数据,计算出的每单位性能的平均成本。$/BCU 将在后面的步骤中使用,以将解决方案和单个解决方案组件与当前可用的市场选项进行比较。这些比较将有助于快速识别性价比较低的选项。如果所有其他条件相同,那么较低的$/BCU 数字更可取。

单击视图顶部的 **Details** 选项卡,如图 19.26 所示。

图 19.26　单击 Details 选项卡

视图中现在应该显示当前状态解决方案中每一行拥有的解决方案的详细数据。请确认显示了解决方案的详细信息,如图 19.27 所示。

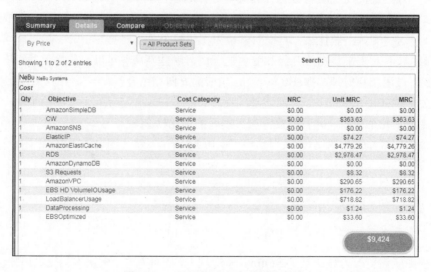

图 19.27　显示解决方案的详细信息

图 19.27 所示的视图显示了当前状态账单中与 Amazon 特定服务相关的服务部分。NeBu Systems 目前每月支出的 30%(9 424.00 美元)与 AWS 特定服务有关。其中一些服务已在本章前面详细讨论过。

向下滚动，可以显示相同级别的基础设施组件和服务的详细信息，如图 19.28 所示。视图的底部会显示两个椭圆。右侧椭圆显示了基础设施组件的总成本(21 510.00 美元)。左侧椭圆包含性价比数据。默认情况下，视图根据价格设置优先级。左侧椭圆将显示当前状态解决方案(2086.1)下累计的性能数据。

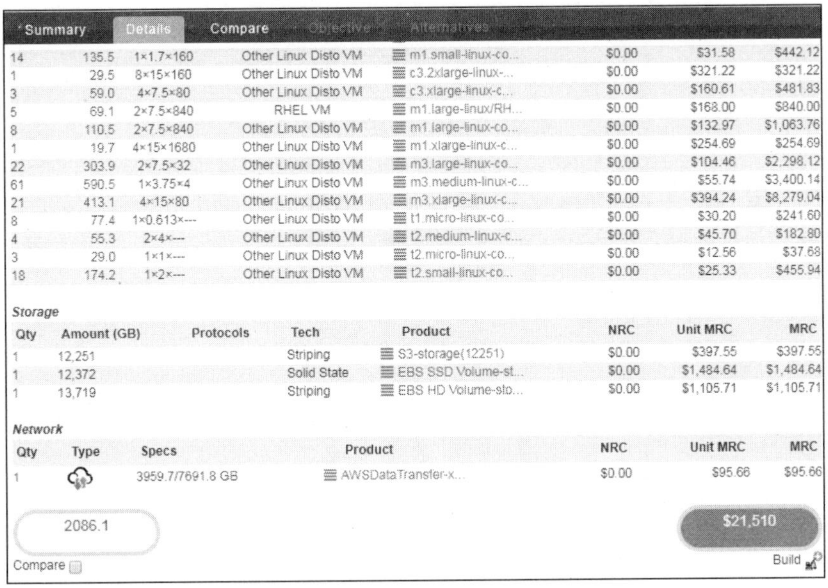

Summary		Details	Compare	Objective	Alternatives			
14	135.5	1×1.7×160	Other Linux Disto VM	m1.small-linux-co...	$0.00	$31.58	$442.12
1	29.5	8×15×160	Other Linux Disto VM	c3.2xlarge-linux-...	$0.00	$321.22	$321.22
3	59.0	4×7.5×80	Other Linux Disto VM	c3.xlarge-linux-c...	$0.00	$160.61	$481.83
5	69.1	2×7.5×840	RHEL VM	m1.large-linux/RH...	$0.00	$168.00	$840.00
8	110.5	2×7.5×840	Other Linux Disto VM	m1.large-linux-co...	$0.00	$132.97	$1,063.76
1	19.7	4×15×1680	Other Linux Disto VM	m1.xlarge-linux-c...	$0.00	$254.69	$254.69
22	303.9	2×7.5×32	Other Linux Disto VM	m3.large-linux-c...	$0.00	$104.46	$2,298.12
61	590.5	1×3.75×4	Other Linux Disto VM	m3.medium-linux-c...	$0.00	$55.74	$3,400.14
21	413.1	4×15×80	Other Linux Disto VM	m3.xlarge-linux-c...	$0.00	$394.24	$8,279.04
8	77.4	1×0.613×---	Other Linux Disto VM	t1.micro-linux-co...	$0.00	$30.20	$241.60
4	55.3	2×4×---	Other Linux Disto VM	t2.medium-linux-c...	$0.00	$45.70	$182.80
3	29.0	1×1×---	Other Linux Disto VM	t2.micro-linux-c...	$0.00	$12.56	$37.68
18	174.2	1×2×---	Other Linux Disto VM	t2.small-linux-co...	$0.00	$25.33	$455.94

Storage

Qty	Amount (GB)	Protocols	Tech	Product	NRC	Unit MRC	MRC
1	12,251		Striping	S3-storage(12251)	$0.00	$397.55	$397.55
1	12,372		Solid State	EBS SSD Volume-st...	$0.00	$1,484.64	$1,484.64
1	13,719		Striping	EBS HD Volume-sto...	$0.00	$1,105.71	$1,105.71

Network

Qty	Type	Specs	Product	NRC	Unit MRC	MRC
1	☁	3959.7/7691.8 GB	AWSDataTransfer-x...	$0.00	$95.66	$95.66

2086.1　　　　　　　　　　　　　　$21,510

Compare ☐　　　　　　　　　　　　　Build

图 19.28　向下滚动到底部

在计算的详细信息中，可以回答前面一些问题的答案。NeBu Systems 注意到 m3-xlarge-linux 实例占了账单的很大一部分，详细信息也显示出来了(4 个核，15GB RAM，80GB 存储空间)。这是最大的总内核和 RAM(81 个内核和 315 GB RAM)分组。根据应用程序的要求和数量，可以将这组工作负载更改为更符合应用程序和 NeBu Systems 战略且更经济、更专业的工作负载：

- 基于性能和价格数据，哪种实例类型会更有用？
- 是否有一种方法可以重新堆叠应用程序，以获取更有利的实例类型和/或大小？
- 部署在更新的基础设施上的成本是多少？
- 现在有什么应用程序可以作为服务购买吗？

请从优先考虑价格改为优先考虑性价比。通过调整数据的优先级，可以对计算进行比较，寻找优化实例类型的机会，参见图 19.29 所示。根据实际使用的数据，m3-large 可能比 m3-xlarge 更有用。如果 RAM 利用率低，可能会选择 M3 实例。

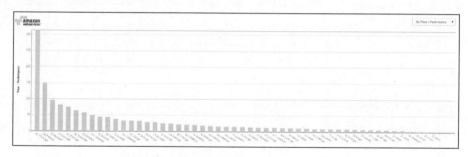

Qty	$/BCU	Specs	OS	Product	NRC	Unit MRC	MRC
2	$6.59	1×3.5×410	Other Linux Disto VM	≡ m1.medium-linux-c...	$0.00	$63.84	$127.68
14	$3.26	1×1.7×160	Other Linux Disto VM	≡ m1.small-linux-co...	$0.00	$31.58	$442.12
1	$10.90	8×15×160	Other Linux Disto VM	≡ c3.2xlarge-linux-...	$0.00	$321.22	$321.22
3	$8.16	4×7.5×80	Other Linux Disto VM	≡ c3.xlarge-linux-co...	$0.00	$160.61	$481.83
5	$12.16	2×7.5×840	RHEL VM	≡ m1.large-linux/RH...	$0.00	$168.00	$840.00
8	$9.63	2×7.5×840	Other Linux Disto VM	≡ m1.large-linux-co...	$0.00	$132.97	$1,063.76
1	$12.95	4×15×1680	Other Linux Disto VM	≡ m1.xlarge-linux-c...	$0.00	$254.69	$254.69
22	$7.56	2×7.5×32	Other Linux Disto VM	≡ m3.large-linux-c...	$0.00	$104.46	$2,298.12
61	$5.76	1×3.75×4	Other Linux Disto VM	≡ m3.medium-linux-c...	$0.00	$55.74	$3,400.14
21	$20.04	4×15×80	Other Linux Disto VM	≡ m3.xlarge-linux-c...	$0.00	$394.24	$8,279.04
8	$3.12	1×0.613×---	Other Linux Disto VM	≡ t1.micro-linux-co...	$0.00	$30.20	$241.60
4	$3.31	2×4×---	Other Linux Disto VM	≡ t2.medium-linux-c...	$0.00	$45.70	$182.80
3	$1.30	1×1×---	Other Linux Disto VM	≡ t2.micro-linux-co...	$0.00	$12.56	$37.68
18	$2.62	1×2×---	Other Linux Disto VM	≡ t2.small-linux-co...	$0.00	$25.33	$455.94

图 19.29 对计算进行比较

可能有用的其他数据是各种类型如何根据性价比数据进行排名。通过查看正在进行的基准测试数据，可以获得图 19.30 所示的实时数据。箭头已经放在 m3-xlarge 和 m3-large 实例类型的性价比信息上。

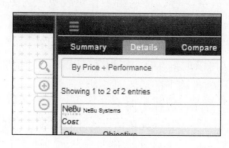

图 19.30 得到的实时数据

NeBu Systems 应用程序趋向于更密集的 RAM。根据工作负载类型，m3-large 可能不是正确的实例类型。目前市场上有哪些产品？是否有与 NeBu Systems 工作负载相匹配的高性能、低成本实例类型？

单击侧边栏菜单上方的 **Summary**，如图 19.31 所示。

图 19.31 单击 Summary

将出现一个菜单，其中有一个用于 **Exact-Match** 的开关，默认情况下应该是开着的。请将状态切换为 **OFF**，如图 19.32 所示。

图 19.32　将状态切换为 OFF

这会要求平台将解决方案与外部解决方案供应商进行比较。当开关关闭时，允许显示不完全匹配的供应商。应用程序刷新数据视图后，当前视图将如图 19.33 所示。

Solution Set	Location	$/BCU	NRC	Total Cost
Google Compute En …	The Dalles, OR	$4.86	$0.00	$19,845.76
Microsoft Azure	CA	$6.25	$0.00	$20,378.24
Amazon/AWS	Boardman, OR	$3.50	$0.00	$20,720.24
Linode	Fremont, CA	$4.11	$0.00	$21,490.18
Digital Ocean	San Francisco, CA	$7.48	$0.00	$22,079.20
BlueMix (Softlayer)	San Jose, CA	$23.50	$0.00	$23,400.76

图 19.33　当前视图

新数据允许使用当前市场数据进行比较。与前几章一样，谷歌的成本比其他几个供应商(包括 Azure 和 AWS)都要低。图 19.34 显示了一些有趣的洞察：

- 谷歌是低成本的供应商。
- Azure 和 AWS 在成本上非常相似。
- AWS 似乎是性能更好的解决方案，具有更低的$/BCU。
- 成本最低的 AWS 解决方案位于美国西部 2 号。

云架构师必须经常权衡风险和经济因素。本书讨论了经济因素必须抵消风险。风险越高，成本就越低，才值得承担风险。迁移到 Boardman 可能会有一点风险。但是，仍与相同的供应商位于同一地区。如果成本显著降低，并且在应用程序可以合并或重新堆叠的情况下性能非常高，那么迁移可能是值得的。向 Boardman 迁移可能是重新调整战略、经济因素和技术的基础，如图 19.34 所示。

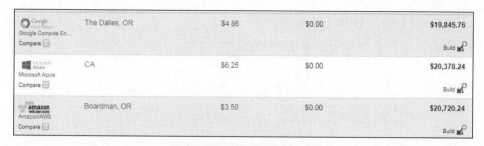

图 19.34　向 Boardman 迁移

应该有来自多个供应商的多个解决方案的列表。在这里，我们将对美国西部 1 号当前状态的账单文件数据与当前市场进行比较。请在列表底部分别选中 AWS 和 from contract 的 **Compare** 复选框，如图 19.35 所示。

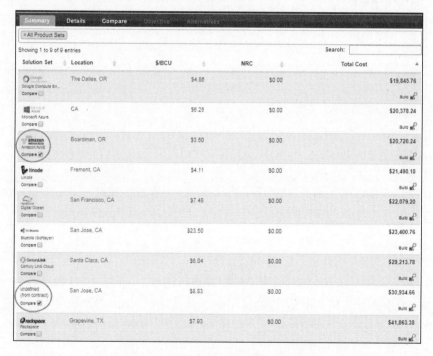

图 19.35　选中指定的 Compare 复选框

在进行比较之前，有两个有趣的数据点值得一提。NeBu Systems 致力于以最低的成本获得最佳性能。

如果价格和/或性能值得冒险，更换供应商是不错的选择：

- 当前状态账单是最昂贵的选择之一。
- 当前状态选项比同一供应商的当前市场高出 10 000 美元以上。
- 当前状态服务可能比来自同一供应商的当前服务慢得多。

视图中的数据使 NeBu Systems 非常容易进行比较。仅凭这些数据就可能使 NeBu Systems 得出结论，专注于使用 AWS 是正确的选择，迁移到 Boardman 可能也很有意义。下一步是直接比较两个 AWS 位置。单击视图顶部的 **Compare** 选项卡，如图 19.36 所示。

图 19.36　单击 Compare 选项卡

视图将立即更改为并排排列每一行，如图 19.37 所示。

图 19.37　并排排列每一行

很明显，继续使用 AWS 并迁移到 Boardman 有很多好处。滚动到视图底部，查看带有总成本和性价比数据的椭圆：

- Boardman 的$/BCU 比率要低得多，为 3.50 美元，目前为 8.83 美元。
- Boardman 的基础设施成本较低，为 11 295 美元，目前为 21 510 美元。
- 将优先级视图从 price performance(性价比)更改为 performance only(只看性能)后表明，Boardman 的速度要快得多，当前状态是 2698.2∶2086.1。

同时，通过进行一些并列的比较来查看基于当前可用状态的数据的建议也是非常有趣的，如图 19.38 所示。

- 第一行是当前状态的解决方案，总共使用了 21 个 m3-xlarge 实例，花费 8 279.04 美元，性能得分为 413.1。
- 第二行是潜在的未来状态的解决方案，总共使用了 21 个 t2-xlarge 实例，价格仅为 2 848.27 美元。
- 这两种方案的差异表现为成本降低了 66%，性能提高了 20%。
- T2 实例可能非常适合 NeBu Systems 的战略，因为大多数应用程序都是 RAM 密集型的，而不是 CPU 密集型的。T2 系列实例可以保持基本的 CPU 性能水平，从而很好地控制成本。T2 实例的价格很大程度上取决于 CPU 性能和负载的增长方式。保持基本性能将允许 NeBu Systems 在不增加成本的情况下充分利用 RAM。关键提示：理解经济因素和技术之间的关系，能够同时协调战略、经济因素和技术。

635852	21	413.1	4	15	80	Other Linux Disto	≡ m3.xlarge-linux-cores(4)-ra...	$0.00	$8,279.04	$8,279.04	+66%
635852	21	513.5	4	16	80	Other Linux Disto	≡ t2.xlarge	$0.00	$2,848.27	$2,848.27	best

图 19.38　进行一些比较

19.2　本章小结

NeBu Systems 需要重新审视正在进行的迁移和当前部署的快速增长事实。在这个实验中，价格与性能的关系成为几乎所有选择的关键。

这些动手实验有意采用以基础设施为中心的视角来看待世界。长期以来，基础设施一直被忽视，取而代之的是更性感、更讨人喜欢的东西，比如应用程序。应用程序不像底层的基础设施，它们是用户交互的对象，是经常被看到和评论的东西。

基础设施日渐变得越来越便宜。race-to-zero 只是计算的开始。网络的发展已经有一段时间了。存储也开始进入赛道。随着基础设施价格的下降，管理和商务成本呈指数增长，基础设施层面的错误成本可能非常高昂，战略和技术方向的改变几乎使成本高得无法承受。把基础打好，然后在基础上建造。

这个实验从非常高级别的数据开始，提取大部分的详细信息。通过这样做，可以快速地分析和确认战略。实验的开始部分是做调查，使账单数据包含的信息与 NeBu Systems 认为他们正在做的事情的期望相匹配。实验的中间部分用来寻找更深层次的数据，以确认信息，并寻找机会来改变信息。实验的最后一部分展示了如何通过回答实验开始和中间部分提出的问题来确定方向。

并不是提出的所有问题都得到了答案，而这也从来不是我们的本意。我们的目的是建立思维过程和模式，提出问题，搜索相关数据，并回答有助于实现战略、经济因素、技术和风险同步协调的问题。云架构旨在快速对数据进行分类，识别相关性，并对实时洞察保持敏锐。

第20章

云架构的经验教训

如果成功驾驭了每个云计算解决方案所要求的复杂性以及相互竞争的优先级，那么除非成功实施，否则努力将会白费。虽然实施不在本书讨论范围内，但我们希望分享我们在云计算架构的早期阶段学到的经验教训：

- 要成为一名成功的云解决方案架构师，就需要获得高管的支持。确保将治理控制点内置于迁移过程中(确保对现收现付弹性计算模型的财务控制不会导致成本失控)。
- 将组织的应用程序组合作为整体进行分析，对于迁移到云平台后带来的效率和价值是至关重要的。

应该修改遗留应用程序迁移到 IaaS 平台的管理监督和审查流程，以反映它们的软件特性。

- 大多数客户只知道少数几个大型云服务供应商(例如 AWS、Azure、谷歌、Salesforce 和 IBM)，这并没有减轻或消除在向更广泛市场迁移的过程中对经济和绩效方面的评估需要。
- 缺乏 IT 标准或未能强制执行这些标准，将导致开发、测试和生产环境之间出现差异。这会大大降低利用自动化测试工具的能力，并延迟云迁移。开发人员必须接受有关**应用程序性能监控(Application Performance Monitoring, APM)**功能、服务管理/监控功能、Web 和移动分析以及警报和通知解决方案方面的培训。
- 在采用云计算时，最严峻的挑战是企业文化的变革。应开展有重点的、专门的宣传和教育活动，以支持这种迁移。最重要的组织风险之一就是缺乏对云计算的教育和理解。